U0249949

高等职业教育“十四五”系列教材
高等职业教育土建类专业“互联网+”数字化创新教材

工程结算（第二版）

韩　雪　李　瑞　主　编
宋　宁　宋　哲　副主编

中国建筑工业出版社

图书在版编目（CIP）数据

工程结算 / 韩雪，李瑞主编 ；宋宁，宋哲副主编 .
2 版. -- 北京 ：中国建筑工业出版社，2024. 7.
（高等职业教育“十四五”系列教材）（高等职业教育土建类专业“互联网+”数字化创新教材）. -- ISBN 978-7-112-29962-1

Ⅰ. TU723. 3

中国国家版本馆 CIP 数据核字第 2024QM6443 号

本教材包括 6 个教学单元，内容有：概述、合同价款调整、工程结算程序、工程结算争议解决、工程结算的编制以及工程结算的审核。

本教材可作为高等职业院校工程管理、工程造价以及相关专业教学使用，也可作为企业培训和工程技术人员学习用书。

为方便教学，作者自制课件，索取方式为：1. 邮箱 jckj@cabp. com. cn；2. 电话（010）58337285；3. 建工书院 http：//edu. cabplink. com。

责任编辑：王予芊
责任校对：张　颖

高等职业教育“十四五”系列教材
高等职业教育土建类专业“互联网+”数字化创新教材

工程结算（第二版）

韩　雪　李　瑞　主　编
宋　宁　宋　哲　副主编

*

中国建筑工业出版社出版、发行（北京海淀三里河路 9 号）
各地新华书店、建筑书店经销
北京鸿文瀚海文化传媒有限公司制版
天津安泰印刷有限公司印刷

*

开本：787 毫米×1092 毫米　1/16　印张：13¾　字数：340 千字
2024 年 7 月第二版　　2024 年 7 月第一次印刷
定价：**46.00** 元（赠教师课件）
ISBN 978-7-112-29962-1
（42665）

第二版前言

“工程结算”是工程造价专业的核心课程，其目的是能够处理工程变更、价格调整等引起的工程造价变化工作，最终能够进行工程结算的编制及审核。本次修订在保持第一版教材原版特色、组织结构和内容体系不变的前提下，在教学内容、配套资源等方面均有所更新和充实。

教材在第一版的基础上极大丰富了微课、动画资源及其他拓展资料等数字资源，为辅助教学提供更为全面的服务。本着“理论够用、培养实操能力为主”的原则，在教学单元3以案例形式，新增了工程结算的计算和支付流程；同时顺应工程造价数字化发展的趋势，在教学单元5增加了基于BIM的结算计价方法；为对接造价员岗位任务的需要，增加了期中结算与竣工结算申请与审核的实际案例。

本教材既可作为高职院校工程管理、工程造价等相关专业的教学用书和参考书，也可作为企业培训和工程技术人员学习用书。

本教材由河南建筑职业技术学院韩雪、李瑞担任主编并统稿，河南建筑职业技术学院宋宁、宋哲担任副主编，河南建筑职业技术学院宋显锐主审。具体编写分工如下：教学单元1、4由河南建筑职业技术学院韩雪编写，教学单元2由河南建筑职业技术学院宋哲编写，教学单元3由河南建筑职业技术学院李瑞、宋宁编写，教学单元5、6由河南建筑职业技术学院韩雪、李瑞、莫黎与河南兴博工程管理咨询有限公司闫丽、张曦共同编写。

本教材在编写的过程中，参考、借鉴了同类型的文献资料和教材，在此一并表示衷心感谢。由于编写时间及编者水平所限，书中难免有疏漏和不足之处，敬请读者提出批评和改进意见。

第一版前言

教育部职业教育与成人教育司发布的《高等职业学校专业教学标准（2018 年）》中将工程结算列为工程造价专业的核心课程，其目的是使学生能够正确处理工程变更、价格调整等引起的工程造价的变化工作，并最终能够进行工程结算的编制及审核。本教材以此为出发点，结合高职院校教学实际，参照最新的国家和行业标准规范进行编写，全面、系统地讲述了合同价款调整、工程结算程序、工程结算争议解决、工程结算的编制、工程结算的审核等内容。

本教材编写过程中，依据高级应用型人才培养的特点和要求，本着"理论够用、培养能力为主"的原则，注重对学生基本知识的传授和基本技能的培养。使教材内容与岗位需要相结合，体现"工学结合"的培养模式。

本教材通过二维码的形式增加微课教学，拓展学生的学习资料，方便教师课上教学和学生课下学习。教材配有电子课件和数字资源，由对应章节的编写老师制作。

教材案例丰富，便于实践教学和自学，既有针对知识点的小案例，也有综合案例以及工程造价咨询公司提供的实际工程案例，内容涵盖进度款支付、竣工结算支付、进度款的审核以及竣工结算的审核，内容突出应用性及可操作性，符合高等职业教育人才培养目标的要求。

本教材由河南建筑职业技术学院韩雪统稿并担任主编，河南建筑职业技术学院李瑞、宋宁担任副主编，河南建筑职业技术学院宋显锐担任主审。具体编写分工如下：教学单元 1、4 由河南建筑职业技术学院韩雪编写；教学单元 2 由河南建筑职业技术学院宋哲编写；教学单元 3 由河南建筑职业技术学院李瑞、宋宁编写；教学单元 5、6 由河南建筑职业技术学院韩雪、河南兴博工程管理咨询有限公司闫丽、张曦以及洛阳理工学院王星编写。本教材在编写的过程中，河南省交通规划设计研究院股份有限公司高级工程师樊志强给予了很多宝贵的意见和建议，在此一并感谢。

由于编写时间及编者水平所限，书中难免有疏漏和不足之处，敬请读者提出批评和改进意见。

目　录

教学单元1

Chapter 01

概述

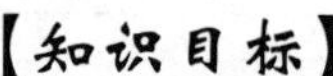

了解工程结算的定义及其作用，了解竣工结算和竣工决算的联系和区别，熟悉工程竣工结算书的编制依据，掌握工程结算的方式以及工程价款结算的原则。

【能力目标】

通过了解工程结算的定义、作用、方式、编制依据，工程价款结算的原则以及竣工结算和竣工决算的联系和区别，达到对工程结算有基本的理解，为后期进行合同价款调整及工程结算打下基础。

【素质目标】

通过本单元知识的讲解，培养具备良好的职业道德，具有认真负责的工作态度和作风以及维护市场各方主体合法权益的意识；深入领悟工程结算所蕴含的智慧和情怀，激发学生的爱国热情及民族自豪感，树立为国家、社会发展贡献个人力量的理想、信念和信心。

思维导图

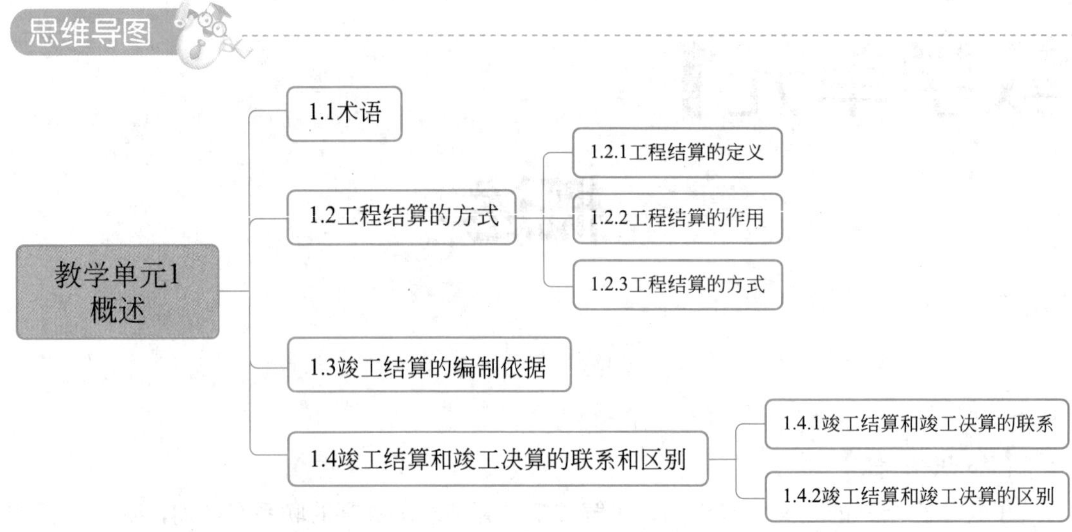

1.1 术语

1. 工程量清单

工程量清单是指建设工程的分部分项工程项目、措施项目、其他项目、规费项目和税金项目的名称和相应数量等的明细清单。

2. 招标工程量清单

招标工程量清单是指招标人依据国家标准、招标文件、设计文件以及施工现场实际情况编制的，随招标文件发布供投标报价的工程量清单。

3. 已标价工程量清单

已标价工程量清单是指构成合同文件组成部分的投标文件中已标明价格，经算术性错误修正（如有）且承包人已确认的工程量清单，包括对其的说明和表格。

4. 综合单价

综合单价是指完成一个规定计量单位的分部分项工程和措施清单项目所需的人工费、材料和工程设备费、施工机具使用费和企业管理费、利润以及一定范围内的风险费用。

5. 工程量偏差

工程量偏差是指承包人按照合同签订时图纸（含经发包人批准由承包人提供的图纸）实施，完成合同工程应予计量的实际工程量与招标工程量清单列出的工程量之间的偏差。

6. 暂列金额

暂列金额是指招标人在工程量清单中暂定并包括在合同价款中的一笔款项。用于施工合同签订时尚未确定或者不可预见的所需材料、设备、服务的采购，施工中可能发生的工程变更、合同约定调整因素出现时的工程价款调整以及发生的索赔、现场签证确认等费用。

7. 暂估价

暂估价是指招标人在工程量清单中提供的用于支付必然发生但暂时不能确定价格的材料、工程设备的单价以及专业工程的金额。

8. 计日工

计日工是指在施工过程中，承包人完成发包人提出的施工图纸以外的零星项目或工作，按合同中约定的综合单价计价的一种方式。

9. 总承包服务费

总承包服务费是指总承包人为配合协调发包人进行的专业工程分包，发包人自行采购的设备、材料等进行保管以及施工现场管理、竣工资料汇总整理等服务所需的费用。

10. 安全文明施工费

安全文明施工费是指承包人按照国家法律、法规等规定，在合同履行中为保证安全施工、文明施工，保护现场内外环境等所采用的措施发生的费用。

11. 施工索赔

施工索赔是指在工程合同履行过程中，合同当事人一方因非己方的原因而遭受损失，按合同约定或法律法规规定应由对方承担责任，从而向对方提出补偿的要求。

12. 现场签证

现场签证是指发包人现场代表与承包人现场代表就施工过程中涉及的责任事件所作的签认证明。

13. 提前竣工（赶工）费

提前竣工（赶工）费是指承包人应发包人的要求，采取加快工程进度的措施，使合同工程工期缩短产生的费用，应由发包人支付的费用。

14. 误期赔偿费

误期赔偿费是指承包人未按照合同工程的计划进度施工，导致实际工期大于合同工期与发包人批准的延长工期之和，承包人应向发包人赔偿损失发生的费用。

15. 规费

规费是指根据省级政府或省级有关权力部门规定必须缴纳的，应计入建筑安装工程造价的费用。

16. 税金

税金是指国家税法规定的应计入建筑安装工程造价内的税金。

17. 发包人

发包人是指具有工程发包主体资格和支付工程价款能力的当事人以及取得该当事人资格的合法继承人。

18. 承包人

承包人是指被发包人接受的具有工程施工承包主体资格的当事人以及取得该当事人资格的合法继承人。

19. 工程造价咨询人

工程造价咨询人是指取得工程造价咨询资质等级证书，接受委托从事建设工程造价咨询活动的当事人以及取得该当事人资格的合法继承人。

20. 招标代理人

招标代理人是指取得工程招标代理资质等级证书，接受委托从事建设工程招标代理活动的当事人以及取得该当事人资格的合法继承人。

21. 造价工程师

造价工程师是指取得造价工程师注册证书，在一个单位注册从事建设工程造价活动的专业人员。

22. 招标控制价

招标控制价是指招标人根据国家或省级行业建设主管部门颁发的有关计价依据和办法，以及拟定的招标文件和招标工程量清单，编制的招标工程的最高限价。

23. 投标价

投标价是指投标人投标时报出的工程合同价。

24. 签约合同价

签约合同价是指发承包双方在施工合同中约定的，包括了暂列金额、暂估价、计日工的合同总金额。

25. 竣工结算价（合同价格）

竣工结算价（合同价格）是指发承包双方依据国家有关法律、法规和标准规定，按照合同约定确定的，包括在履行合同过程中按合同约定进行的工程变更、索赔和价款调整，是承包人按合同约定完成了全部承包工作后，发包人应付给承包人的合同总金额。

26. 缺陷责任期

缺陷责任期是指承包人对已交付使用的合同工程承担公司约定的缺陷修复责任的期限。

27. 保修期

保修期是指承包人按照合同约定对工程承担保修责任的期限，从工程竣工验收合格之日起计算。

28. 基准日期

招标发包的工程以投标截止日前 28 天的日期为基准日期，直接发包的工程以合同签订日前 28 天的日期为基准日期。

29. 结算审查对比表

结算审查对比表是工程结算审查文件中与报审工程结算文件对应的汇总、明细等各类反映工程数量、单价、合价以及总价等内容增减变化的对比表格。

30. 工程结算审定结果签署表

工程结算审定结果签署表是由审查工程结算文件的工程造价咨询企业编制，并由审查单位、承包单位和委托单位以及建设单位共同认可的工程造价咨询企业审定的工程结算价格，并签字、盖章的成果文件。

31. 单价合同

单价合同是指合同当事人约定以工程量清单及其综合单价进行合同价格计算、调整和确认的建设工程施工合同，在约定的范围内合同单价不作调整。合同当事人应在专用合同条款中约定综合单价包含的风险范围和风险的计算方法，并约定风险范围以外的合同价格的调整方法，其中因市场价格波动引起的调整，按市场价格波动引起的调整约定执行。

32. 总价合同

总价合同是指合同当事人约定以施工图、已标价工程量清单或预算书及有关条件进行合同价格计算、调整和确认的建设工程施工合同，在约定的范围合同总价不作调整。合同当事人应在专用合同条款中约定总价包含的风险范围和风险费用的计算方法，并约定风险范围以外的合同价格的调整方法，其中因市场价格波动引起的调整，按市场价格波动引起的调整、因法律变化引起的调整按法律变化引起的调整约定执行。

1.2 工程结算的方式

1.2.1 工程结算的定义

工程结算全称工程价款的结算，是指施工企业根据双方签订合同（含补充协议）、已完工程量、工程变更与索赔等情况向建设单位（业主）办理工程价款清算的经济文件及活动，既包含工程预付款、工程进度款又包含全部工程竣工验收后进行的竣工结算。

工程结算概述

知识拓展

竣工结算是指单位或单项工程完成，并经建设单位及有关部门验收后，承包商与建设单位之间办理的最终工程结算。竣工结算价是指发承包双方依据国家有关法律、法规和标准规定，按照合同约定确定的，包括在履行合同过程中按合同约定进行的工程变更、索赔和价款调整，是承包人按合同约定完成了全部承包工作后，发包人应付给承包人的合同总金额。

1.2.2 工程结算的作用

工程结算是工程项目承包中的一项十分重要的工作，直接关系建设单位和施工单位的切身利益，主要表现为以下几个方面：

1. 工程结算是反映工程进度的主要指标。在施工过程中，工程结算的依据之一就是按照已完的工程进行结算，根据累计已结算的工程价款占合同总价款的比例，能够近似反映出工程的进度情况。

2. 工程结算是加速资金周转的重要环节。施工单位尽快尽早地结算工程款，有利于偿还债务和资金回笼，降低内部运营成本。通过加速资金周转，提高资金的使用效率。

3. 工程结算是考核经济效益的重要指标。对于施工单位来说，只有工程款如数结清，才能避免经营风险，施工单位也才能够获得相应的利润，进而达到良好的经济效益。

4. 工程结算是建设单位进行工程决算以及确定固定资产投资额度的重要依据之一。

1.2.3 工程结算的方式

目前，我国工程结算的方式主要有以下几种：

1. 按月结算

实行旬末或月中预支，月终结算，竣工后清算的方法。跨年度竣工的工程，在年终进行工程盘点，办理年度结算。

2. 竣工后一次结算

建设项目或单项工程全部建筑安装工程建设期在 12 个月以内，或者工程承包价值在 100 万元以下的，可以实行工程价款每月月中预支，竣工后一次结算。

3. 分段结算

当年开工但当年不能竣工的单项工程或单位工程，可按照工程形象进度，划分不同阶段进行结算。常将房屋建筑物划分为几个形象部位，如基础、±0.000 以上主体结构、二次结构装修、室外工程及收尾等，各部位完成后付总造价一定百分比的工程款。

知识拓展

对于以上三种主要结算方式的收支确认，财政部发布的《企业会计准则第 15 号——建造合同》中规定如下：

实行旬末或月中预支、月终结算、竣工后清算办法的工程合同，应分期确认合同价款收入的实现，即各月份终了，与发包人进行已完工程价款结算时，确认为承包合同已完工部分的工程收入实现，本期收入额为月终结算的已完工程价款金额。

实行合同完成后一次结算工程价款办法的工程合同，应于合同完成，承包人与发包人进行工程合同价款结算时，确认为收入实现，实现的收入额为发包人及承包人结算的合同价款总额。

实行按工程形象进度划分不同阶段、分段结算工程价款办法的工程合同，应按合同规定的形象进度分次确认已完阶段工程收益实现，即应于完成合同规定的工程形象进度或工程阶段，与发包人进行工程价款结算时，确认为工程收入的实现。

4. 目标结算方式

在工程合同中，将承包工程的内容分解成不同的控制界面，以业主验收控制界面作为支付工程款的前提条件。也就是说，将合同中的工程内容分解成不同的验收单元，当施工单位完成单元工程内容并经业主验收后，业主支付构成单元工程内容的工程价款。

5. 双方约定的其他结算方式

双方可以在合同中约定其他的结算方式。

知识拓展

按照结算工程范围的不同，工程竣工结算分为：单位工程竣工结算、单项工程竣工结算和建设项目竣工总结算。

单位工程，是指具有独立设计文件，可以独立组织工程施工，但竣工后不能独立发挥生产能力或工程效益的工程。它由若干个分部分项工程和若干个措施项目工程以及其他项目所组成，它是单项工程的组成部分。一个单位工程可以是一个建筑物的土建、供暖、电气、消防或给水排水分部分项工程和该部分的措施工程以及其他项目所组成。单位工程竣工时进行的结算即为单位工程竣工结算。

单项工程，是指具有独立的设计文件，竣工后可以独立发挥生产能力或工程效益的工程，是具有独立存在意义的一个完整工程。它是建设项目的组成部分，也是一个较为复杂的综合体。一个单项工程可以是一个车间、一座教学楼、一座图书馆、一栋住宅楼等。一个单项工程由若干个单位工程所组成，如一个车间需要由这个车间的建筑工程（土建）、供暖工程、电气工程、给水排水工程、设备安装工程等所组成。单项工程竣工时进行的结算即为单项工程竣工结算。

建设项目全部竣工后就整个项目进行的结算为建设项目竣工总结算。

1.3 竣工结算的编制依据

竣工结算的编制依据主要有以下几方面：

1. 国务院建设行政主管部门以及各省、自治区、直辖市和有关部门发布的建设工程造价计价标准、计价方法、计价定额、价格信息、相关规定等计价依据。
2. 招标文件、投标文件。
3. 施工合同（协议）书及补充施工合同（协议）书、专业分包合同、有关材料、设备采购合同。
4. 施工图、竣工图、图纸交底及图纸会审纪要。
5. 双方确认的工程量。
6. 经批准的施工组织设计、设计变更、工程洽商、索赔与现场签证，以及相关的会议纪要。
7. 工程材料及设备中标价、认价单。
8. 双方确认追加（减）的工程价款。
9. 经批准的开、竣工报告或停、复工报告。
10. 影响工程造价的其他相关资料。

1.4 竣工结算和竣工决算的联系和区别

竣工结算是指工程项目完工并经建设单位及有关部门竣工验收合格后，发承包双方按照施工合同的约定对所完成的工程项目进行的工程价款的计算、调整和确认，竣工结算价款是合同工程的最终造价。竣工结算一般由承包商的造价部门将施工过程中与原设计方案产生变化的部分与原合同价逐项进行调整计算，并经建设单位核算签署后，由承发包双方共同办理竣工结算手续，进行竣工结算。竣工结算意味着承发包双方经济关系的结束。

竣工决算是指项目竣工后，建设单位在竣工验收交付使用阶段编制的反映竣工项目从筹建开始到项目竣工交付使用为止的全部实际支出费用的经济性文件。竣工决算是建设单位财务及有关部门以竣工结算等资料为基础，编制的反映项目实际造价和投资效果的文件，竣工决算是正确核定新增固定资产价值、考核分析投资效果、建立健全经济责任制度的依据，是反映建设项目实际造价和投资效果的财务管理活动。

1.4.1 竣工结算和竣工决算的联系

1. 竣工结算与竣工决算都是竣工验收后对工程实际造价进行核算及总结的经济活动。
2. 竣工结算是竣工决算的一部分。

1.4.2 竣工结算和竣工决算的区别

竣工结算和竣工决算的区别见表 1-1。

竣工结算与竣工决算的区别　　表 1-1

项目	工程竣工结算	工程竣工决算
编制单位	施工单位的造价部门	建设单位的财务部门
审查单位	建设单位	上级主管部门
性质和作用	(1)施工单位与建设单位工程价款最终结算的依据； (2)双方签订的建筑、安装工程承包合同最终结算的凭证； (3)编制竣工决算的主要资料	(1)建设单位办理交付、验收和动用各类新增资产的依据； (2)竣工验收报告的重要组成部分； (3)反映建设项目实际造价和投资效果
编制内容	施工单位承包施工的建筑、安装工程的全部费用，即建筑、安装工程费	建筑安装工程费、工程建设其他费、设备工器具购置费、预备费和建设期利息
涉及阶段	施工阶段	从筹建开始到项目竣工交付使用全过程

思考与练习题

一、单项选择题

1. 工程竣工结算的编制主体是（　　）。

A. 建设单位

B. 施工单位

C. 监理单位

D. 审计单位

2. 关于工程竣工结算和竣工决算，下列说法不正确的是（ ）。

A. 工程竣工结算是由施工单位编制的，而工程竣工决算是由建设单位编制的，竣工结算是竣工决算的编制基础

B. 竣工决算核算的费用范围包括：建筑安装工程费、工程建设其他费、设备工器具购置费、预备费和建设期利息

C. 竣工结算价是指发承包双方依据国家有关法律、法规和标准规定，按照合同约定确定的，包括在履行合同过程中按合同约定进行的工程变更、索赔和价款调整，是承包人按合同约定完成了全部承包工作后，发包人应付给承包人的合同总金额

D. 工程竣工结算是正确核定新增固定资产价值，考核分析投资效果，建立健全经济责任制度的依据，是反映建设项目实际造价和投资效果的财务管理活动

3. 下列不属于我国工程结算方式的是（ ）。

A. 竣工后一次性结算方式

B. 按月结算

C. 施工图预算加签证的结算方式

D. 分段结算

二、简答题

1. 工程结算与竣工结算有何不同？

2. 竣工结算与竣工决算有何区别与联系？

3. 工程结算的作用有哪些？

教学单元2

Chapter 02

合同价款调整

【知识目标】

了解合同价款调整的分类，了解工程变更、工程量偏差、工程索赔等的含义，掌握合同价款的调整方法。

【能力目标】

通过对施工合同中合同价款的调整事件、调整方法及调整程序的理解和掌握，能结合工程实际进行合同价款的调整。

【素质目标】

通过本章知识的讲解，引导学生树立正确的世界观、人生观、价值观，遵守工程结算岗位所要求的“公正、科学、守法、诚信”的准则；培养精益求精、爱岗敬业的鲁班精神，彰显团结守规、诚信务实的工匠本色，培养严谨细致、刻苦踏实的职业素养。

思维导图

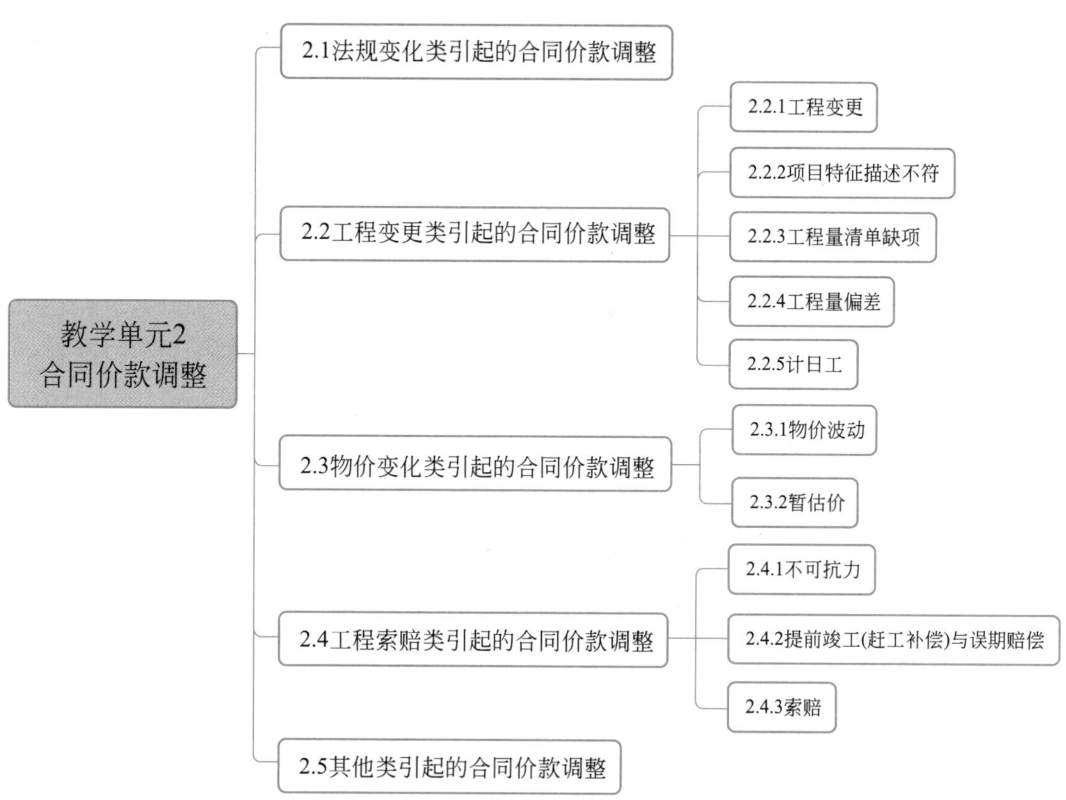

发承包双方应当在施工合同中约定合同价款，实行招标工程的合同价款由合同双方依据中标通知书的中标价款在合同协议书中约定，不实行招标工程的合同价款由合同双方依据双方确定的施工图预算的总造价在合同协议书中约定。在工程施工阶段，由于项目实际情况的变化，发承包双方在施工合同中约定的合同价款可能会出现变动。为合理分配双方的合同价款变动风险，有效地控制工程造价，发承包双方应当在施工合同中明确约定合同价款的调整事件、调整方法及调整程序。

发承包双方按照合同约定调整合同价款的若干事项，大致包括五大类：

1. 法规变化类，主要包括法律法规变化事件。

2. 工程变更类，主要包括工程变更、项目特征描述不符、工程量清单缺项、工程量偏差、计日工等事件。

3. 物价变化类，主要包括物价波动、暂估价事件。

4. 工程索赔类，主要包括不可抗力、提前竣工（赶工补偿）与误期赔偿、索赔等事件。

5. 其他类，主要包括现场签证以及发承包双方约定的其他调整事项，现场签证根据签证内容，有的可归于工程变更类，有的可归于索赔类，有的可能不涉及合同价款调整。

经发承包双方确认调整的合同价款，作为追加（减）合同价款，应与工程进度款或结算款同期支付。

2.1 法规变化类引起的合同价款调整

因国家法律、法规、规章和政策发生变化影响合同价款的风险，发承包双方应在合同中约定由发包人承担。

1. 基准日的确定

为了合理划分发承包双方的合同风险，施工合同中应当约定一个基准日，对于基准日之后发生的、作为一个有经验的承包人在招标投标阶段不可能合理预见的风险，应当由发包人承担。对于实行招标的建设工程，一般以施工招标文件中规定的提交投标文件的截止时间前的第 28 天作为基准日；对于不实行招标的建设工程，一般以建设工程施工合同签订前的第 28 天作为基准日。

2. 合同价款的调整方法

施工合同履行期间，国家颁布的法律、法规、规章和有关政策在合同工程基准日之后发生变化，且因执行相应的法律、法规、规章和政策引起工程造价发生增减变化的，合同双方当事人应当依据法律、法规、规章和有关政策的规定调整合同价款。但是，如果有关价格（如人工、材料和工程设备等价格）的变化已经包含在物价波动事件的调价公式中，则不再予以考虑。

3. 工期延误期间的特殊处理

如果由于承包人的原因导致的工期延误，按不利于承包人的原则调整合同价款。在工程延误期间国家的法律、行政法规和相关政策发生变化引起工程造价变化造成合同价款增加的，合同价款不予调整；造成合同价款减少的，合同价款予以调整。

2.2 工程变更类引起的合同价款调整

2.2.1 工程变更

工程变更是合同实施过程中由发包人或承包人提出，经发包人批准的对合同工程的工作内容、工程数量、质量要求、施工顺序与时间、施工条件、施工工艺或其他特征及合同条件等的改变。工程变更指令发出后，应当迅速落实指令，全面修改相关的各种文件。承包人也应当抓紧落实，如果承包人不能全面落实变更指令，则扩大的损失应当由承包人承担。

1. 工程变更的原因

（1）业主对建设项目提出新的要求，如业主为降低造价更换装修材料等；

（2）由于设计人员、监理人员、承包商原因引起变更，如设计深度不够，实施过程中进行图纸细化时引起变更；

（3）工程环境变化引起的变更，如地质勘察资料不够准确，引起土方工程等项目变化；

（4）由于产生新技术和新知识，有必要改变原设计或原施工方案；

（5）政府部门对工程提出新的要求，如城市规划变动等；

（6）由于合同实施出现问题，必须修改合同条款。

2. 工程变更的范围

根据住房和城乡建设部发布的《建设工程施工合同（示范文本）》（GF—2017—0201），工程变更的范围和内容包括：

（1）增加或减少合同中任何工作，或追加额外的工作；

（2）取消合同中任何工作，但转由他人实施的工作除外；

（3）改变合同中任何工作的质量标准或其他特性；

（4）改变工程的基线、标高、位置和尺寸；

（5）改变工程的时间安排或实施顺序。

工程变更引起合同价款调整

3. 工程变更的价款调整方法

（1）分部分项工程费的调整。工程变更引起分部分项工程项目发生变化的，应按照下列规定调整：

1）已标价工程量清单中有适用于变更工程项目的，且工程变更导致的该清单项目的工程数量变化不足15%时，采用该项目的单价。直接采用适用的项目单价的前提是其采用的材料、施工工艺和方法相同，也不因此增加关键线路上工作的施工时间。

2）已标价工程量清单中没有适用、但有类似于变更工程项目的，可在合理范围内参照类似项目的单价或总价调整。采用类似的项目单价的前提是其采用的材料、施工工艺和方法基本相似，不增加关键线路上工程的施工时间，可仅就其变更后的差异部分，参考类似的项目单价由发承包双方协商新的项目单价。

3）已标价工程量清单中没有适用也没有类似于变更工程项目的，由承包人根据变更工程资料、计量规则和计价办法、工程造价管理机构发布的信息（参考）价格和承包人报价浮动率，提出变更工程项目的单价或总价，报发包人确认后调整。承包人报价浮动率可按下列公式计算：

① 实行招标的工程：

$$承包人报价浮动率\ L=\left(1-\frac{中标价}{招标控制价}\right)\times 100\% \quad (2\text{-}1)$$

② 不实行招标的工程：

$$承包人报价浮动率\ L=\left(1-\frac{报价值}{施工图预算}\right)\times 100\% \quad (2\text{-}2)$$

注：上述公式中的中标价、招标控制价、报价值和施工图预算，均不含安全文明施工费。

4）已标价工程量清单中没有适用也没有类似于变更工程项目，且工程造价管理机构的信息（参考）价格缺价的，由承包人根据变更工程资料、计量规则、计价办法和通过市场调查等有合法依据的市场价格提出变更工程项目的单价或总价，报发包人确认后调整。

（2）措施项目费的调整。工程变更引起措施项目发生变化的，承包人提出调整措施项目费的，应事先将拟实施的方案提交发包人确认，并详细说明与原方案措施项目相比的变化情况。拟实施的方案经发承包双方确认后执行，并应按照下列规定调整措施项目费：

1）安全文明施工费，按照实际发生变化的措施项目调整，不得浮动。

2）采用单价计算的措施项目费，按照实际发生变化的措施项目按前述分部分项工程费的调整方法确定单价。

3）按总价（或系数）计算的措施项目费，除安全文明施工费外，按照实际发生变化的措施项目调整，但应考虑承包人报价浮动因素，即调整金额按照实际调整金额乘以按照公式（2-1）或公式（2-2）得出的承包人报价浮动率（L）计算。

如果承包人未事先将拟实施的方案提交给发包人确认，则视为工程变更不引起措施项目费的调整或承包人放弃调整措施项目费的权利。

（3）删减工程或工作的补偿。如果发包人提出的工程变更，因非承包人原因删减了合同中的某项原定工作或工程，致使承包人发生的费用或（和）得到的收益不能被包括在其他已支付或应支付的项目中，也未被包含在任何替代的工作或工程中，则承包人有权提出并得到合理的费用及利润补偿。

2.2.2 项目特征描述不符

项目特征描述不符：工程量清单缺项引起合同价款调整

项目特征描述是指构成分部分项工程项目、措施项目自身价值的本质特征。所以，项目特征是区分清单项目的依据，是确定综合单价的前提，是履行合同义务的基础，当实际施工的项目特征与已标价清单项目特征不符时，应视情况对综合单价进行调整。

1. 项目特征描述的要求

项目的特征描述是确定综合单价的重要依据之一，承包人在投标报价时应依据发包人提供的招标工程量清单中的项目特征描述，确定其清单项目的综合单价。发包人在招标工程量清单中对项目特征的描述，应被认为是准确的和全面的，并且与实际施工要求相符合。承包人应按照发包人提供的招标工程量清单，根据其项目特征描述的内容及有关要求实施合同工程，直到其被改变为止。

【例 2.1】试分析表 2-1 中“余方弃置”项目特征描述对结算以及工程造价控制的影响。

背景资料：通过勘察现场发现，现场无堆放余土的场地，余土需运至 5km 以外的堆放场。

特征描述比较　　表 2-1

项目编码	项目名称	特征描述 1	特征描述 2	特征描述 3	特征描述 4
010103002001	余方弃置	1. 挖填余土 2. 运距由投标人自行考虑	1. 挖填余土 2. 运距 2km	1. 挖填余土 2. 运至政府指定堆放地点，结算时运距不再调整	1. 挖填余土 2. 运距 50km

【分析】招标人的特征描述主要是明确运距因素对综合单价的影响，结算时运距发生变化综合单价不再调整。

特征描述 1：在实际工作中很多造价人员采取这种方式表述，这也是规范允许的描述方式，旨在让投标人根据现场踏勘后自主报价，体现竞争。但可能出现投标人以“0km”计算并在技术标中确认，评标时没有发现，在结算时可能发生纠纷，不利于造价控制。采取这种描述方式，宜在合同中注明“投标人应充分考虑各种运距，结算时一律不得调整”，同时评标时也要注意这个问题。

特征描述 2：在本题的背景资料下，在结算时该种描述方法必然会调整综合单价。

特征描述 3：该种描述方法已明确运距不再调整，大大减少了招标人对造价控制的风险。

特征描述 4：工程量清单计价方式的评标原则是合理低价中标，投标人在投标时会按照实际情况报价，一般不会引起运距的结算纠纷，但是过分夸大运距，抬高了招标控制价，也不利于造价控制。

2. 合同价款的调整方法

承包人应按照发包人提供的设计图纸实施合同工程，若在合同履行期间，出现设计图纸（含设计变更）与招标工程量清单任一项目的特征描述不符，且该变化引起该项目的工程造价增减变化的，发承包双方应当按照实际施工的项目特征，重新确定相应工程量清单项目的综合单价，调整合同价款，价款调整方法同工程变更价款调整方法。

【例 2.2】某学校教学楼项目，后浇带的特征描述与图纸不一致时的结算处理。

背景资料：招标工程量清单摘录（分部分项工程和单价措施项目清单与计价表），见表 2-2。

分部分项工程和单价措施项目清单与计价表　　表 2-2

工程名称：××学校教学楼　　标段：　　第 2 页共 8 页

序号	项目编码	项目名称	项目特征描述	计量单位	工程数量	金额(元)		
						综合单价	合价	其中 暂估价
16	010508001003	梁后浇带	C30 商品混凝土	m^3	4.82	393.16	1895.03	

背景条件：施工图纸中明确，梁混凝土等级为 C30，后浇带混凝土等级比相应构件混凝土等级高，C30 单价为 393.16 元/m^3，C35 单价为 417.35 元/m^3。

【分析】以上情况是招标工程量清单特征描述与施工图纸不一致的情况，实际施工时后浇带等级为 C35，结算时应按 C35 价格 417.35 元/m^3 计入。

2.2.3　工程量清单缺项

1. 清单缺项漏项的责任

招标工程量清单必须作为招标文件的组成部分，其准确性和完整性由招标人负责。

因此，招标工程量清单是否准确和完整，其责任应当由提供工程量清单的发包人负责，作为投标人的承包人不应承担因工程量清单的缺项、漏项以及计算错误带来的风险与损失。

2. 工程量清单缺项的原因

导致工程量清单缺项的原因主要有：设计变更、施工条件改变和工程量清单编制错误。

3. 合同价款的调整方法

(1) 分部分项工程费用的调整。施工合同履行期间，由于招标工程量清单中分部分项工程出现缺项、漏项，造成新增工程清单项目的，应按照工程变更事件中关于分部分项工程费用的调整方法，调整合同价款。

【例 2.3】某工程在施工过程中，施工单位提出建议增加地圈梁，具体情况如下：

背景资料 1：技术核定单，见表 2-3。

技术核定单　　表 2-3

提出单位	××建设有限公司	施工图号或部位	基础
工程名称	食堂	核定性质	变更
核定内容	因首层及基础砖砌体高度大于 4.5m，建议在－0.060m 处增加一道 C25 混凝土地圈梁，尺寸为 240mm×180mm，配筋为主筋 4ϕ12、箍筋 ϕ6@200		
	注册建造师(项目经理)：×××　　技术负责人：×××		
监理(建设)单位意见	请设计单位确认后施工。 签字：××× 年　月　日		
设计单位意见	同意按此核定施工。		

注：本表一式五份，建设单位、施工单位、监理单位、设计单位、城建档案馆各一份。

背景资料 2：施工合同关于变更价格部分摘录。

10.4　变更的估价原则

……

除合同另有规定外，工程变更或设计变更后单价的确定，按下列方法进行：

①合同中已有适用于变更工程的价格，按合同已有的价格（中标人的中标单价）变更合同价款；②合同中只有类似于变更工程的价格，可以参照类似价格（中标人的中标单价）变更合同价款；③合同中没有适用或类似于变更工程的价格，由承包人按本省预算定额、相关配套文件、发包人确认的材料单价及承包人报价浮动率计算出综合单价。

材料单价确定办法：①投标文件中已有的执行投标文件中的材料单价；②投标文件

中没有的材料单价依据工程发生同期的“工程造价信息”确定；③投标文件和工程实施同期的“工程造价信息”中均没有的材料单价由发包人、监理人、承包人根据市场价共同确认材料价格。

背景条件：

① 招标工程量清单中没有该项，也没有类似项目；

② 地圈梁工程量为 3.38m^3，模板工程量为 27.68m^2（以接触面积计算）；

③ 已标价清单中，C25 商品混凝土单价为 325 元/m^3，当期工程造价信息中单价为 318 元/m^3。

【分析】根据背景资料可知，该案例属于因变更引起的清单项目缺项，结算时应新增地圈梁项目，合同价款调整方法同工程变更调整；注意，在选取 C25 商品混凝土单价时应遵循施工合同约定，正确选择单价。

（2）措施项目费的调整。新增措施项目可能是由新增分部分项工程项目清单引起，也可能是由招标工程量清单中措施项目缺失引起。新增分部分项工程项目清单后，引起措施项目发生变化的，应当按照工程变更事件中关于措施项目费的调整方法，在承包人提交的实施方案被发包人批准后，调整合同价款；由于招标工程量清单中措施项目缺项，承包人应将新增措施项目实施方案提交发包人批准后，按照工程变更事件中的有关规定调整合同价款。

2.2.4　工程量偏差

1. 工程量偏差的概念

动画：工程量偏差引起的合同价格调整

工程量偏差是指承包人根据发包人提供的图纸（包括由承包人提供经发包人批准的图纸）进行施工，按照现行国家工程量计算规范规定的工程量计算规则，计算得到的完成合同工程项目应予计量的工程量与相应的招标工程量清单项目列出的工程量之间出现的量差。

2. 合同价款的调整方法

工程量偏差引起的合同价款调整

施工合同履行期间，若应予计算的实际工程量与招标工程量清单列出的工程量出现偏差，或者因工程变更等非承包人原因导致工程量偏差，该偏差对工程量清单项目的综合单价将产生影响，是否调整综合单价以及如何调整，发承包双方应当在施工合同中约定。如果合同中没有约定或约定不明的，可以按以下原则办理：

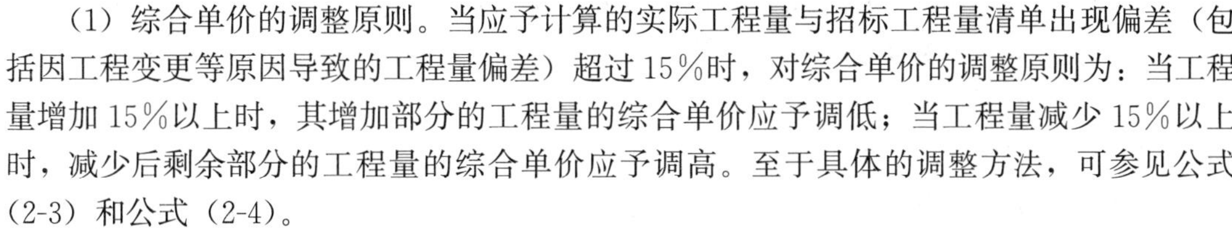

（1）综合单价的调整原则。当应予计算的实际工程量与招标工程量清单出现偏差（包括因工程变更等原因导致的工程量偏差）超过 15%时，对综合单价的调整原则为：当工程量增加 15%以上时，其增加部分的工程量的综合单价应予调低；当工程量减少 15%以上时，减少后剩余部分的工程量的综合单价应予调高。至于具体的调整方法，可参见公式（2-3）和公式（2-4）。

1）当 $Q_1>1.15Q_0$ 时：

$$S=1.15Q_0\times P_0+(Q_1-1.15Q_0)\times P_1 \tag{2-3}$$

2）当 $Q_1<0.85Q_0$ 时：

$$S=Q_1\times P_1 \tag{2-4}$$

式中　S——调整后的某一分部分项工程费结算价；

Q_1——最终完成的工程量；

Q_0——招标工程量清单中列出的工程量；

P_1——按照最终完成工程量重新调整后的综合单价；

P_0——承包人在工程量清单中填报的综合单价。

新综合单价的确定

动画：新综合单价的确定

3）新综合单价 P_1 的确定方法。新综合单价 P_1 的确定，一是发承包双方协商确定，二是与招标控制价相联系，当工程量偏差项目出现承包人在工程量清单中填报的综合单价与发包人招标控制价相应清单项目的综合单价偏差超过 15%时，工程量偏差项目综合单价的调整可参考公式（2-5）和公式（2-6）。

① 当 $P_0 < P_2 \times (1-L) \times (1-15\%)$ 时，该类项目的综合单价：

$$P_1 \text{ 按照 } P_2 \times (1-L) \times (1-15\%) \text{调整} \tag{2-5}$$

② 当 $P_0 > P_2 \times (1+15\%)$ 时，该类项目的综合单价：

$$P_1 \text{ 按照 } P_2 \times (1+15\%) \text{调整} \tag{2-6}$$

③ $P_0 > P_2 \times (1-L) \times (1-15\%)$ 且 $P_0 < P_2 \times (1+15\%)$ 时，可不调整。

式中　P_0——承包人在工程量清单中填报的综合单价；

P_2——发包人招标控制价相应项目的综合单价；

L——承包人报价浮动率，详见公式（2-1）、公式（2-2）。

【例 2.4】某工程项目招标工程量清单数量为 1520m³，施工中由于设计变更调增为 1824m³，该项目招标控制价综合单价为 350 元/m³，投标报价为 406 元/m³，应如何调整？

【分析】1824/1520＝120%，工程量增加超过 15%，需对单价作调整。

$$P_1 = P_2 \times (1+15\%) = 350 \times (1+15\%) = 402.50 \text{ 元/m}^3 < 406 \text{ 元/m}^3$$

该项目变更后的综合单价应调整为 402.50 元/m³。

$$\begin{aligned} S &= 1520 \times (1+15\%) \times 406 + (1824 - 1520 \times 1.15) \times 402.50 \\ &= 709688 + 76 \times 402.50 = 740278 \text{ 元} \end{aligned}$$

【例 2.5】某工程项目招标工程量清单中 C25 商品混凝土矩形柱为 1300m³，招标控制价为 360 元/m³，投标报价的综合单价为 290 元/m³，该项目投标报价下浮率为 5%，施工中由于设计变更实际应予以计量的工程量为 1000m³，合同约定按照已标价工程量清单与招标控制价中相关综合单价的关系，即按公式（2-5）、公式（2-6）予以处理。

【分析】（1）综合单价是否调整？

已知 $Q_0 = 1300\text{m}^3$，$Q_1 = 1000\text{m}^3$，

工程量偏差：(1300－1000)/1300＝23.08%＞15%，应考虑综合单价调整，分析报价与控制价相关综合单价的关系。

已知 $P_2 = 360$ 元/m³，$P_0 = 290$ 元/m³，$L = 5\%$，

承包人在工程量清单中填报的综合单价与发包人招标控制价相应清单项目的综合单价偏差：(360－290)/360＝19.44％＞15％，综合单价应予以调整。

$P_2×(1-5\%)×(1-15\%)=290.70$ 元/m³ $>P_0=290$ 元/m³，故按照公式（2-5）计算：

$P_1=P_2×(1-5\%)×(1-15\%)=290.70$ 元/m³

即综合单价应调整为 290.70 元/m³。

（2）价款如何调整？

按照公式（2-4）计算：

$S=1000×290.70=290700$ 元

【思考】① C25 商品混凝土柱实际结算工程量为 1800m³，价款如何调整？

② C25 商品混凝土柱实际结算工程量为 1800m³，投标报价的综合单价为 300 元/m³ 时，价款如何调整？

（2）总价措施项目费的调整。当应予计算的实际工程量与招标工程量清单出现偏差（包括因工程变更等原因导致的工程量偏差）超过 15％，且该变化引起措施项目相应发生变化，如该措施项目是按系数或单一总价方式计价的，对措施项目费的调整原则为：工程量增加的，措施项目费调增；工程量减少的，措施项目费调减。至于具体的调整方法，则应由双方当事人在合同专用条款中约定。

2.2.5　计日工

1. 计日工的概念

计日工是指在施工过程中，承包人完成发包人提出的工程合同范围以外的零星项目或工作，按合同中约定的单价计价的一种方式。

2. 计日工费用的产生

发包人通知承包人以计日工方式实施的零星工作，承包人应予执行。采用计日工计价的任何一项变更工作，承包人应在该项变更的实施过程中，按合同约定提交以下报表和有关凭证送发包人复核：

（1）工作名称、内容和数量；

（2）投入该工作所有人员的姓名、工种、级别和耗用工时；

（3）投入该工作的材料名称、类别和数量；

（4）投入该工作的施工设备型号、台数和耗用台时；

（5）发包人要求提交的其他资料和凭证。

3. 计日工费用的确认和支付

任一计日工项目实施结束，承包人应按照确认的计日工现场签证报告核实该类项目的工程数量，并根据核实的工程数量和承包人已标价工程量清单中的计日工单价计算，提出应付价款；已标价工程量清单中没有该类计日工单价的，由发承包双方按工程变更的有关规定商定计日工单价计算。

每个支付期末，承包人应与进度款同期向发包人提交本期间所有计日工记录的签证汇总表，以说明本期间自己认为有权得到的计日工金额，调整合同价款，列入进度款支付。

2.3 物价变化类引起的合同价款调整

2.3.1 物价波动

建筑工程具有施工时间长的特点，在施工合同履行过程中常出现人工、材料、工程设备和机具台班等市场价格变动引起价格波动的现象，该种变化一般会造成承包人施工成本的增加或减少，进而影响到合同价款调整，最终影响到合同当事人的权益。

为解决由于市场价格波动引起合同履行的风险问题，《建设工程工程量清单计价规范》（GB 50500—2013）和《建设工程施工合同（示范文本）》（GF—2017—0201）中都明确了合理调价的制度，其法律基础是合同风险的公平合理分担原则。因物价波动引起的合同价款调整方法有两种：一种是采用价格指数调整价格差额，另一种是采用造价信息调整价格差额。承包人采购材料和工程设备的，应在合同中约定主要材料、工程设备价格变化的范围幅度；当没有约定，且材料、工程设备单价变化超过 5%时，超过部分的价格应按照两种方法之一进行调整。甲方供应材料和工程设备的，由发包人按照实际变化调整，列入合同工程的工程造价内。

1. 价格指数调整价格差额

采用价格指数调整价格差额的方法，主要适用于施工中所用的材料品种较少，但每种材料使用量较大的土木工程，如公路、水坝等。

（1）价格调整公式。因人工、材料、工程设备和施工机具台班等价格波动影响合同价款时，根据投标函附录中的价格指数和权重表约定的数据，按以下价格调整公式计算差额并调整合同价款：

$$\Delta P=P_0\left[A+\left(B_1\times\frac{F_{t1}}{F_{01}}+B_2\times\frac{F_{t2}}{F_{02}}+B_3\times\frac{F_{t3}}{F_{03}}+\cdots+B_n\times\frac{F_{tn}}{F_{0n}}\right)-1\right] \tag{2-7}$$

式中 ΔP——需调整的价格差额；

P_0——根据进度付款、竣工付款和最终结清等付款证书中，承包人应得到的已完成工程量的金额。此项金额应不包括价格调整、不计质量保证金的扣留和支付、预付款的支付和扣回。变更及其他金额已按现行价格计价的，也不计在内；

A——定值权重（即不调部分的权重）；

B_1，B_2，B_3，…，B_n——各可调因子的变值权重（即可调部分的权重）为各可调因子在投标函投标总报价中所占的比例；

F_{t1}，F_{t2}，F_{t3}，…，F_{tn}——各可调因子的现行价格指数，指根据进度付款、竣工付款和最终结清等约定的付款证书相关周期最后一天的前 42 天的各可调因子的价格指数；

F_{01}，F_{02}，F_{03}，…，F_{0n}——各可调因子的基本价格指数，指基准日的各可调因子的价格指数。

以上价格调整公式中的各可调因子、定值和变值权重以及基本价格指数和其来源在投标函附录价格指数和权重表中约定。价格指数应首先采用工程造价管理机构提供的价格指数，缺乏上述价格指数时，可采用工程造价管理机构提供的价格代替。

在计算调整差额时得不到现行价格指数的，可暂用上一次价格指数计算，并在以后的付款中再按实际价格指数进行调整。

(2) 权重的调整。按变更范围和内容所约定的变更，导致原定合同中的权重不合理时，由承包人和发包人协商后进行调整。

(3) 工期延误后的价格调整。由于发包人原因导致工期延误的，则对于计划进度日期（或竣工日期）后续施工的工程，在使用价格调整公式时，应采用计划进度日期（或竣工日期）与实际进度日期（或竣工日期）的两个价格指数中较高者作为现行价格指数。

由于承包人原因导致工期延误的，则对于计划进度日期（或竣工日期）后续施工的工程，在使用价格调整公式时，应采用计划进度日期（或竣工日期）与实际进度日期（或竣工日期）的两个价格指数中较低者作为现行价格指数。

【例 2.6】某直辖市城区道路扩建项目进行施工招标，投标截止日期为当年 8 月 1 日。通过评标确定中标人后，签订的施工合同总价为 80000 万元，工程于当年 9 月 20 日开工。施工合同中约定：①预付款为合同总价的 10%，分 10 次按相同比例从每月应支付的工程进度款中扣还。②工程进度款按月支付，进度款金额包括：当月完成的清单子目的合同价款；当月确认的变更、索赔金额；当月价格调整金额；扣除合同约定应当抵扣的预付款和扣留的质量保证金。③质量保证金按照当月应该支付的进度款的 3%随进度款同期扣留，最高扣至合同总价的 3%。④工程价款结算时人工单价、钢材、水泥、沥青、砂石料以及机具使用费，采用价格指数法给承包商以调价补偿，工程调价因子权重系数及造价指数，见表 2-4。根据表 2-5 所列工程前 4 个月的完成情况，计算 11 月份应当实际支付给承包人的工程款数额。

工程调价因子权重系数及造价指数　　表 2-4

	人工	钢材	水泥	沥青	砂石料	机具使用费	定值部分
权重系数	0.12	0.10	0.08	0.15	0.12	0.10	0.33
7 月指数	91.7 元/日	78.95	106.97	99.92	114.57	115.18	—
8 月指数	91.7 元/日	82.44	106.80	99.13	114.26	115.39	—
9 月指数	91.7 元/日	86.53	108.11	99.09	114.03	115.41	—
10 月指数	95.96 元/日	85.84	106.88	99.38	113.01	114.94	—
11 月指数	95.96 元/日	86.75	107.27	99.66	116.08	114.91	—
12 月指数	101.47 元/日	87.80	128.37	99.85	126.26	116.41	—

9～12 月工程完成情况表　　表 2-5

支付项目	金额(万元)			
	9 月份	10 月份	11 月份	12 月份
截至当月完成的清单列项价款	1200	3510	6950	9840
当月确认的变更金额(调价前)	0	60	−110	100
当月确认的索赔金额(调价前)	0	10	30	50

【分析】(1) 计算 11 月份完成的清单列项的合同价款＝6950－3510＝3440 万元

(2) 计算 11 月份的价格调金额：

说明：①由于当月的变更和索赔金额不是按照现行价格计算的，所以应当计算在调价基数内；②基准日为当年 7 月 3 日，所以应当选取 7 月份的价格指数作为各可调因子的基本价格指数；③人工费缺少价格指数，可以用相应的人工单价代替。

价格调整金额：(3440－110＋30)×[(0.33＋0.12×95.96/91.7＋0.10×86.75/78.95＋0.08×107.27/106.97＋0.15×99.66/99.92＋0.12×116.08/114.57＋0.10×114.91/115.18)－1]

＝3360×[(0.33＋0.1256＋0.1099＋0.0802＋0.1496＋0.1216＋0.0998)－1]

＝3360×0.0167

＝56.11 万元

(3) 计算 11 月份应当实际支付的金额：

1) 11 月份的应扣预付款：80000×10%÷10＝800 万元

2) 11 月份的应扣质量保证金：(3440－110＋30＋56.11)×3%＝102.48 万元

3) 11 月份应当实际支付的进度款金额＝3440－110＋30＋56.11－800－102.48＝2513.63 万元

【例 2.7】某工程在施工过程中主要材料价格上涨。

背景资料：承包人提供材料和工程设备一览表（适用于价格指数调整法），见表 2-6。

承包人提供材料和工程设备一览表（适用于价格指数调整法）　　表 2-6

工程名称：××工程　　标段：　　第 1 页　共 1 页

序号	名称、规格、型号	变值权重 B	基本价格指数 F_0	现行价格指数 F_1	备注
1	商品混凝土 C25	0.21	295 元/m^3	315 元/m^3	
2	钢材综合	0.09	3900 元/t	4210 元/t	
3	水泥 42.5	0.02	0.35 元/kg	0.40 元/kg	
4	多孔砖	0.07	300 元/m^3	315 元/m^3	
5	机械费	0.06	100%	100%	
	定值权重 A	0.55			
	合计	1			

背景条件：本期完成合同价款为856270.9元，其中已按现行价格计算的计日工价款为3600元，已确认增加的索赔金额为32654.3元。

【分析】（1）本期价款调整部分应扣除计日工和已确认的索赔金额：856270.9－3600－32654.3＝820016.6元

（2）通过调价公式计算增加价款。

$$\Delta P = P_0 \left[A + \left(B_1 \times \frac{F_{t1}}{F_{01}} + B_2 \times \frac{F_{t2}}{F_{02}} + B_3 \times \frac{F_{t3}}{F_{03}} + \cdots + B_n \times \frac{F_{tn}}{F_{0n}}\right) - 1\right]$$

＝820016.6×[0.55＋(0.21×315/295＋0.09×4210/3900＋0.02×0.40/0.35＋0.07×315/300＋0.06×100%/100%)－1]

＝820016.6×0.0277

＝22714.46元

本期应增加22714.46元。

2. 造价信息调整价格差额

物价的变化引起合同价款的调整2

采用造价信息调整价格差额的方法，主要适用于使用的材料品种较多，相对而言每种材料使用量较小的房屋建筑与装饰工程。

施工合同履行期间，因人工、材料、工程设备和施工机具台班价格波动影响合同价格时，人工、施工机具使用费按照国家或省、自治区、直辖市建设行政管理部门、行业建设管理部门或其授权的工程造价管理机构发布的人工成本信息、施工机具台班单价或施工机具使用费系数进行调整；需要进行价格调整的材料，其单价和采购数应由发包人复核，发包人确认需调整的材料单价及数量，作为调整合同价款差额的依据。

（1）人工单价的调整。人工单价发生变化时，发承包双方应按省级或行业建设主管部门或其授权的工程造价管理机构发布的人工成本文件调整合同价款。如某省定额人工费实行指数法动态调整，调整后人工费＝基期人工费＋指数调差，其中指数调差＝基期费用×调差系数×K_n，调差系数＝(发布期价格指数÷基期价格指数)－1，人工费指数原则上由省定额站定期发布，定期发布的人工费指数作为编制工程造价控制价、调整人工费差价的依据。

【例2.8】某省预算定额中砖基础的定额人工费基价为1281.49元/10m^3，已知基期人工费价格指数为1.370，计算期的人工费指数为1.041，调整人工费时K_n为1，试计算动态调整后计算期的人工费单价。

【分析】调差系数＝(发布期价格指数÷基期价格指数)－1＝1.041÷1.370－1

指数调差＝基期费用×调差系数×K_n＝1281.49×(1.041÷1.370－1)×1

调整后人工费＝1281.49＋1281.49×(1.041÷1.370－1)×1＝973.75元/10m^3

（2）材料和工程设备价格的调整。材料、工程设备价格变化的价款调整，按照承包人提供主要材料和工程设备一览表，根据发承包双方约定的风险范围，按以下规定进行调整：

材料、工程设备的价格调整

1）如果承包人投标报价中材料单价低于基准单价，工程施工期间材料单价涨幅以基准单价为基础，超过合同约定的风险幅度值时，或材料单价跌幅以投标报价为基础超过合同约定的风险幅度值时，其超过部分按实调整。

2）如果承包人投标报价中材料单价高于基准单价，工程施工期间材料单价跌幅以基准单价为基础，超过合同约定的风险幅度值时，或材料单价涨幅以投标报价为基础超过合同约定的风险幅度值时，其超过部分按实调整。

3）如果承包人投标报价中材料单价等于基准单价，工程施工期间材料单价涨、跌幅以基准单价为基础超过合同约定的风险幅度值时，其超过部分按实调整。

4）承包人应当在采购材料前将采购数量和新的材料单价报发包人核对，确认用于本合同工程时，发包人应当确认采购材料的数量和单价。发包人在收到承包人报送的确认资料后3个工作日不予答复的，视为已经认可，作为调整合同价款的依据。如果承包人未报经发包人核对即自行采购材料，再报发包人确认调整合同价款的，发包人不同意，则不作调整。

【例 2.9】施工合同中的约定，承包人承担的钢筋价格风险幅度为±5%，超出部分依据《建设工程工程量清单计价规范》（GB 50500—2013）中的造价信息法调差。已知投标人投标价格、基准期发布价格分别为2400元/t、2200元/t，计算期1、计算期2的造价信息发布价分别为2000元/t、2600元/t。则该两月钢筋的实际结算价格应分别为多少？

【分析】（1）计算期1信息价下降，应以较低的基准价基础计算合同约定的风险幅度值。即2200×(1－5%)＝2090元/t

因此钢筋每吨应下浮价格：2090－2000＝90元/t

计算期1实际结算价格：2400－90＝2310元/t

（2）计算期2信息价上涨，应以较高的投标价格为基础计算合同约定的风险幅度值。即2400×(1＋5%)＝2520元/t

因此钢筋每吨应上调价格：2600－2520＝80元/t

计算期2实际结算价格：2400＋80＝2480元/t

（3）施工机具台班单价的调整。施工机具台班单价或施工机具使用费发生变化超过省级或行业建设主管部门或其授权的工程造价管理机构规定的范围时，按照其规定调整合同价款。如某省定额机械费实行动态管理，其中台班组成中的人工费实行指数法动态调整，调整后机械费＝基期机械费＋指数调差＋单价调差，其中指数调差＝基期费用×调差系数×K_n，调差系数＝(发布期价格指数÷基期价格指数)－1，调差指数原则上由省定额站定期发布。

【例 2.10】某省预算定额中机械场地平整的定额机械费基价为128.55元/100m^2，功率75kW履带式推土机定额台班为0.150台班/100m^2，台班单价为857.00元/台班（其中人工费为268元/台班，消耗的燃料动力为柴油56.5kg/台班，柴油单价6.94元/kg）。已知现行价格指数为：机械类指数1.060；柴油市场价为7.02元/kg，基期机械费价格指数为1，调整机械费时K_n为1，试计算按照现行价格动态调整后的定额机械费单价。

【分析】调差系数＝(发布期价格指数÷基期价格指数)－1＝1.060÷1－1

指数调差＝基期费用×调差系数×K_n＝268×0.150×(1.060/1－1)×1

单价调差＝(7.02－6.94)×56.5×0.150

调整后机械费＝128.55＋[268×(1.060/1－1)×1＋(7.02－6.94)×56.5]×0.150＝131.64元/100m^2

2.3.2 暂估价

暂估价是指招标人在工程量清单中提供的用于支付必然发生但暂时不能确定价格的材料、工程设备的单价以及专业工程的金额。

暂估价

暂估价与暂列金额的区别

1. 给定暂估价的材料、工程设备

(1) 不属于依法必须招标的项目。发包人在招标工程量清单中给定暂估价的材料和工程设备不属于依法必须招标的，由承包人按照合同约定采购，经发包人确认后以此为依据取代暂估价，调整合同价款。

(2) 属于依法必须招标的项目。发包人在招标工程量清单中给定暂估价的材料和工程设备属于依法必须招标的，由发承包双方以招标的方式选择供应商。依法确定中标价格后，以此为依据取代暂估价，调整合同价款。

2. 给定暂估价的专业工程

(1) 不属于依法必须招标的项目。发包人在工程量清单中给定暂估价的专业工程不属于依法必须招标的，应按照前述工程变更事件的合同价款调整方法，确定专业工程价款，并以此为依据取代专业工程暂估价，调整合同价款。

(2) 属于依法必须招标的项目。发包人在招标工程量清单中给定暂估价的专业工程，依法必须招标的，应当由发承包双方依法组织招标选择专业分包人，并接受有建设工程招标投标管理机构的监督。

1) 除合同另有约定外，承包人不参加投标的专业工程，应由承包人作为招标人，但拟定的招标文件、评标方法、评标结果应报送发包人批准。与组织招标工作有关的费用应当被认为已经包括在承包人的签约合同价（投标总报价）中。

2) 承包人参加投标的专业工程，应由发包人作为招标人，与组织招标工作有关的费用由发包人承担。同等条件下，应优先选择承包人中标。

3) 专业工程依法进行招标后，以中标价为依据取代专业工程暂估价，调整合同价款。

【例 2.11】 某食堂工程在本计算周期内需要对专业工程暂估内容进行结算。

背景资料：专业工程暂估价及结算价表、总承包服务费计价表，见表 2-7、表 2-8。

专业工程暂估价及结算价表　　表 2-7

工程名称：食堂　　标段：　　第 1 页 共 1 页

序号	工程名称	工程内容	暂估金额（元）	结算金额（元）	差额±（元）	备注
1	玻璃幕墙	1. 细化设计； 2. 制作、运输、安装、油漆等全过程	150400			工程量为 320m²
2	防火卷帘门	制作、运输、安装、油漆等全过程	6800			工程量为 22.05m²
	……					

总承包服务费计价表 表 2-8

工程名称：食堂 标段： 第 1 页 共 1 页

序号	项目名称	项目价值（元）	服务内容	计算基础	费率（%）	金额（元）
1	玻璃幕墙	150400	配合、管理协调、服务、竣工资料汇总	项目价值	5%	7520
2	防火卷帘门	6800	配合、管理协调、服务、竣工资料汇总	项目价值	5%	340
	……					

背景条件：

① 在施工过程中，由总承包单位和发包人共同组织招标，通过完整的招标程序确定出玻璃幕墙的单价为 520 元/m^2，防火卷帘门单价为 280 元/m^2。

② 施工过程中，工程量未发生变化。

【分析】通过招标确定出的单价包括除规费、税金以外的所有价格，结算表格处理见表 2-9、表 2-10。

专业工程暂估价及结算价表 表 2-9

工程名称：食堂 标段： 第 1 页 共 1 页

序号	工程名称	工程内容	暂估金额（元）	结算金额（元）	差额±（元）	备注
1	玻璃幕墙	1. 细化设计； 2. 制作、运输、安装、油漆等全过程	150400	166400	16000	工程量为 320m^2
2	防火卷帘门	制作、运输、安装、油漆等全过程	6800	6174	−626	工程量为 22.05m^2
	……					

总承包服务费计价表 表 2-10

工程名称：食堂 标段： 第 1 页 共 1 页

序号	项目名称	项目价值（元）	服务内容	计算基础	费率（%）	金额（元）
1	玻璃幕墙	166400	配合、管理协调、服务、竣工资料汇总	项目价值	5%	8320
2	防火卷帘门	6174	配合、管理协调、服务、竣工资料汇总	项目价值	5%	308.70
	……					

2.4 工程索赔类引起的合同价款调整

2.4.1 不可抗力

1. 不可抗力的范围

不可抗力是指合同双方在合同履行中出现的不能预见、不能避免且不能克服的客观情况。不可抗力的范围一般包括因战争、敌对行动（无论是否宣战）、入侵、外敌行为、军事政变、恐怖主义、骚动、暴动、空中飞行物坠落或其他非合同双方当事人责任或原因造成的罢工、停工、爆炸、火灾等以及当地气象、地震、卫生等部门规定的情形。双方当事人应当在合同专用条款中明确约定不可抗力的范围以及具体的判断标准。

2. 不可抗力造成损失的承担

（1）费用损失的承担原则。因不可抗力事件导致的人员伤亡、财产损失和费用增加，发承包双方应按以下原则分别承担并调整合同价款和工期：

1）合同工程本身的损害、因工程损害导致第三方人员伤亡和财产损失以及运至施工场地用于施工的材料和待安装的设备的损害，由发包人承担；

2）发包人、承包人人员伤亡由其所在单位负责，并承担相应费用；

3）承包人的施工机械设备损坏及停工损失，由承包人承担；

4）停工期间，承包人应发包人要求留在施工场地必要的管理人员及保卫人员的费用由发包人承担；

5）工程所需清理、修复费用，由发包人承担。

【例 2.12】某工程在施工过程中遇到不可预见的异常恶劣气候，造成施工单位的施工机械损坏，修理费用 2 万元，到场材料损失 3 万元。施工单位接建设单位通知，需在施工现场加强安保，增加的费用为 0.5 万元，费用索赔申请（核准）表，见表 2-11。

【分析】异常恶劣天气属于不可抗力，施工单位的施工机械损坏由承包人负责，不能索赔；材料已到场，损失由发包人承担，如果材料在途损失则不由发包人承担；施工单位应发包人要求加强安保工作，应由发包人承担费用。

费用索赔申请（核准）表　　表 2-11

工程名称：××职工食堂　　标段：　　第 1 页 共 1 页

<table>
<tr><td colspan="2">致：××工程建设管理部
根据施工合同第 8 条的约定，由于不可抗力原因，我方要求索赔金额为（大写）叁万伍仟元整（小写 35000.00 元），请予批准。
附：1. 费用索赔的详细理由及依据：发生罕见大暴雨，且甲方要求加强安保。
2. 索赔金额的计算：
（1）已运至施工现场的材料费 30000 元
（2）期间加强安保费 5000 元
索赔总金额：30000 元+5000 元=35000 元
承包人：（章）
承包人代表：______
日期：______</td></tr>
<tr><td>复核意见：
根据施工合同第 8 条的约定，你方提出的此项索赔申请经复核：
□不同意此项索赔，具体意见见附件。
☑同意此项索赔，签证金额的计算，由造价工程师复核。
监理工程师：______
日期：______</td><td>复核意见：
根据施工合同第 8 条的约定，你方提出的此项索赔申请经复核，索赔金额为（大写）叁万伍仟元整（小写 35000.00 元）。
造价工程师：______
日期：______</td></tr>
</table>

续表

审核意见：
□不同意此项索赔。 ☑同意此项索赔，价款与本期进度款同期支付。 发包人：(章) 发包人代表：______ 日期：______

（2）工期的处理。因发生不可抗力事件导致工期延误的，工期相应顺延。发包人要求赶工的，承包人应采取赶工措施，赶工费用由发包人承担。

2.4.2 提前竣工（赶工补偿）与误期赔偿

1. 提前竣工（赶工补偿）

（1）赶工费用。发包人应当依据相关工程的工期定额合理计算工期，压缩的工期天数不得超过定额工期的20%，超过的应在招标文件中明示增加赶工费用。赶工费用的主要内容包括：

1）人工费的增加，如新增加投入人工的报酬，不经济使用人工的补贴等；

2）材料费的增加，如可能造成不经济使用材料而损耗过大，材料提前交货可能增加的费用以及材料运输费的增加等；

3）机械费的增加，如可能增加机械设备投入，不经济的使用机械等。

（2）提前竣工奖励。发承包双方可以在合同中约定提前竣工的奖励条款，明确每日历天应奖励额度。约定提前竣工奖励的，如果承包人的实际竣工日期早于计划竣工日期，承包人有权向发包人提出并得到提前竣工天数和合同约定的每日历天应奖励额度的乘积计算的提前竣工奖励。一般来说，双方还应当在合同中约定提前竣工奖励的最高限额（如合同价款的5%）。提前竣工奖励列入竣工结算文件中，与结算款一并支付。

发包人要求合同工程提前竣工，应征得承包人同意后与承包人商定采取加快工程进度的措施，并修订合同工程进度计划。发包人应承担承包人由此增加的提前竣工（赶工补偿）费。发承包双方应在合同中约定每日历天的赶工补偿额度，此项费用作为增加合同价款，列入竣工结算文件中，与结算款一并支付。

【例 2.13】某工程按照合同约定的工期提前 5 天竣工，关于工期提前的规定如下（施工合同摘录）：

9. 开工和竣工

9.1 承包人的工期延误

本合同中关于承包人违约的具体责任如下：

本合同通用条款第 11.5 款约定承包人违约应承担的违约责任：工期每延误一天，承包人按 10000 元/天向发包人支付违约金。

9.2 工期提前

每提前一天，发包人按 10000 元/天向承包人支付奖励金。

【分析】（1）合同约定提前 1 天奖励 10000 元，提前 5 天竣工，可获 50000 元提前竣工奖励。

（2）对发生的提前竣工费用，承包人根据双方商定的赶工方案通过“现场签证”在竣工结算时向发包人计取。

2. 误期赔偿

承包人未按照合同约定施工，导致实际进度迟于计划进度的，承包人应加快进度，实现合同工期。合同工程发生误期，承包人应赔偿发包人由此造成的损失，并应按照合同约定向发包人支付误期赔偿费。即使承包人支付误期赔偿费，也不能免除承包人按照合同约定应承担的任何责任和应履行的任何义务。

发承包双方应在合同中约定误期赔偿费，明确每日历天应赔偿额度。如果承包人的实际进度迟于计划进度，发包人有权向承包人索取并得到实际延误天数和合同约定的每日历天应赔偿额度的乘积计算的误期赔偿费。一般来说，双方还应当在合同中约定误期赔偿费的最高限额（如合同价款的 5%）。误期赔偿费列入竣工结算文件中，并应在结算款中扣除。

如果在工程竣工之前，合同工程内的某单项（或单位）工程已通过了竣工验收，且该单项（或单位）工程接收证书中表明的竣工日期并未延误，而是合同工程的其他部分产生了工期延误，则误期赔偿费应按照已颁发工程接收证书的单项（或单位）工程造价占合同价款的比例幅度予以扣减。

【例 2.14】某工程关于提前竣工、误期赔偿的合同约定如下：

通用合同条款（摘录）

……

11　开工和竣工

11.1　开工

11.1.1　监理人应在开工日期 7 天前向承包人发出开工通知。监理人在发出开工通知前应获得发包人同意。工期自监理人发出的开工通知中载明的开工日期起计算。承包人应在开工日期后尽快施工。

11.1.2　承包人应按通用合同条款第 10.1 款约定的合同进度计划，向监理人提交工程开工报审表，经监理人审批后执行。开工报审表应详细说明合同进度计划正常施工所需的施工道路、临时设施、材料设备、施工人员等施工组织措施的落实情况以及工程的进度安排。

11.2　竣工

承包人应在通用合同条款第 1.1.4.3 款约定的期限内完成合同工程。实际竣工日期在接收证书中写明。

11.3　发包人的工期延误

在履行合同过程中，由于发包人的下列原因造成工期延误的，承包人有权要求发包人延长工期和（或）增加费用，并支付合理利润。需要修订合同进度计划的，按照通用合同条款第 10.2 款的约定办理。

（1）增加合同工作内容；

（2）改变合同中任何一项工作的质量要求或其他特性；

（3）发包人迟延提供材料、工程设备或变更交货地点的；

（4）因发包人原因导致的暂停施工；

（5）提供图纸延误；

（6）未按合同约定及时支付预付款、进度款；

（7）发包人造成工期延误的其他原因。

11.4 异常恶劣的气候条件

由于出现专用合同条款规定的异常恶劣气候条件导致工期延误的，承包人有权要求发包人延长工期。

11.5 承包人的工期延误

由于承包人原因，未能按合同进度计划完成工作，或监理人认为承包人施工进度不能满足合同工期要求的，承包人应采取措施加快进度，并承担加快进度所增加的费用。由于承包人原因造成工期延误，承包人应支付逾期竣工违约金。逾期竣工违约金的计算方法在专用合同条款中约定。承包人支付逾期竣工违约金，不免除承包人完成工程及修补缺陷的义务。

11.6 工期提前

发包人要求承包人提前竣工，或承包人提出提前竣工的建议能够给发包人带来效益的，应由监理人与承包人共同协商采取加快工程进度的措施和修订合同进度计划。发包人应承担承包人由此增加的费用，并向承包人支付专用合同条款约定的相应奖金。

……

专用合同条款（摘录）

……

11 开工和竣工

……

11.3 发包人的工期延误

（1）因发包人原因造成的工期延误，工期顺延。

补充以下内容：

11.3.1 承包人要求延长工期的处理

（1）若发生发包人的工期延误事件时，承包人应立即通知发包人和监理人，并在发出该通知后的7天内，向监理人提交一份细节报告，详细说明发生事件的情节和对工期的影响程度，并按通用合同条款第9.2款的规定修订进度计划和编制赶工措施报告报送监理人审批。若发包人要求修订的进度计划仍应保证工程按期竣工，则应由发包人承担由于采取赶工措施所增加的费用。

（2）若事件的持续时间较长或事件影响工期较长，当承包人采取了赶工措施而无法实现工程按期竣工时，除应按上述第（1）项规定的程序办理外，承包人应在事件结束后的7天内，提交一份补充细节报告，详细说明要求延长工期的理由，并修订进度计划。此时发包人除按上述第（1）项规定承担赶工费用外，还应按以下第（3）项规定的程序批准给予承包人合理延长工期。

（3）监理人应及时调查核实上述第（1）和（2）项中承包人提交的细节报告和补充细节报告，并在审批修订进度计划的同时，与发包人和承包人协商确定延长工期的合理天数，由发包人通知承包人。

11.4　异常恶劣的气候条件

异常恶劣的气候条件的范围和标准：出现以月计的每个时期的恶劣气候比本省气象部门 40 年的统计资料，以 20 年一遇频率计算的平均气候还要恶劣的异常气候。

11.5　承包人的工期延误

由于承包人原因造成不能按期竣工的，在按合同约定确定的竣工日期（包括按合同延长的工期）后 7 天内，监理人应按通用合同条款第 23.4.1 项的约定书面通知承包人，说明发包人有权得到按本款约定的下列标准和方法计算的逾期竣工违约金，但最终违约金的金额不应超过本款约定的逾期竣工违约金最高限额。监理人未在规定的期限内发出本款约定的书面通知的，发包人丧失主张逾期竣工违约金的权利。

逾期竣工违约金的计算标准：总工期延误，承包人向发包人支付 15000 元/天的逾期竣工违约金，其他另行协商解决。

逾期竣工违约金的计算方法：详见本条补充内容。

逾期竣工违约金最高限额：签约合同价的 0.5%。

补充以下内容：

11.5.1　因承包人原因导致总工期延误 30 天以内的，违约金按 1 万元/天进行处罚；总工期延误超过 30 天的部分，违约金按 2 万元/天进行处罚；但累计违约金总金额不应超过签约合同价的 0.5%。

11.5.2　发包人有权对承包人的工程进度情况进行检查，并对关键工期节点提出监督和整改意见，承包人应严格执行，并采取一切有效措施，确保总工期目标的实现。承包人拒不接受整改意见或整改不力，发包人有权单方面终止合同或组织其他施工力量确保工期目标的实现，而由此发生的所有费用和损失均由承包人承担。如果承包人工作不到位造成工期严重滞后，无法保证工期按期完工或其他对发包人的形象造成重大影响的情况发生，发包人有权单方面终止合同，并勒令承包人退场，或减少承包人的承包内容，所有损失由承包人承担。

11.6　工期提前

提前竣工费用：因为赶工必须发生的合理费用，包括：

（1）赶工增加的人工费；

（2）赶工增加的材料费；

（3）赶工增加的机械费；

（4）合理的管理费和利润。

……

2.4.3　索赔

1. 索赔的概念及分类

工程索赔是指在工程合同履行过程中，当事人一方因非己方的原因而遭受经济损失或工期延误，按照合同约定或法律规定，应由对方承担责任，而向对方提出工期和（或）费用补偿要求的行为。

（1）按索赔的当事人分类。根据索赔的合同当事人不同，可以将工程索赔分为：

1）承包人与发包人之间的索赔。该类索赔发生在建设工程施工合同的双方当事人之间，既包括承包人向发包人的索赔，也包括发包人向承包人的索赔。但是在工程实践中，经常发生的索赔事件，大多是承包人向发包人提出的，本教材中所提及的索赔，如果未作特别说明，即是指此类情形。

2）总承包人和分包人之间的索赔。在建设工程分包合同履行过程中，索赔事件发生后，无论是发包人的原因还是总承包人的原因所致，分包人都只能向总承包人提出索赔要求，而不能直接向发包人提出。

（2）按索赔目的和要求分类。根据索赔的目的和要求不同，可以将工程索赔分为：

1）工期索赔。工期索赔一般是指工程合同履行过程中，由于非自身原因造成工期延误，按照合同约定或法律规定，承包人向发包人提出合同工期补偿要求的行为。工期顺延的要求获得批准后，不仅可以免除承包人承担拖期违约赔偿金的责任，而且承包人还有可能因工期提前获得赶工补偿（或奖励）。

2）费用索赔。费用索赔是指工程承包合同履行中，当事人一方因非己方原因而遭受费用损失，按合同约定或法律规定应由对方承担责任，而向对方提出增加费用要求的行为。

（3）按索赔事件的性质分类。根据索赔事件的性质不同，可以将工程索赔分为：

1）工程延误索赔。因发包人未按合同要求提供施工条件，或因发包人指令工程暂停或不可抗力事件等原因造成工期拖延的，承包人可以向发包人提出索赔；如果由于承包人原因导致工期拖延，发包人可以向承包人提出索赔。

2）加速施工索赔。由于发包人指令承包人加快施工速度，缩短工期，引起承包人的人力、物力、财力的额外开支，承包人可以向发包人提出索赔。

3）工程变更索赔。由于发包人指令增加或减少工程量或增加附加工程、修改设计、变更工程顺序等，造成工期延长和（或）费用增加，承包人就此提出索赔。

4）合同终止的索赔。由于发包人违约或发生不可抗力事件等原因造成合同非正常终止，承包人因其遭受经济损失而提出索赔。如果由于承包人的原因导致合同非正常终止，或者合同无法继续履行，发包人可以就此提出索赔。

5）不可预见的不利条件索赔。承包人在工程施工期间，施工现场遇到一个即使有丰富经验的承包人通常也不能合理预见的不利施工条件或外界障碍的，如地质条件与发包人提供的资料不符，出现不可预见的地下水、地质断层、溶洞、地下障碍物等，承包人可以就因此遭受的损失提出索赔。

6）不可抗力事件的索赔。工程施工期间，因不可抗力事件的发生而遭受损失的一方，可以根据合同中对不可抗力风险分担的约定，向对方当事人提出索赔。

7）其他索赔。如因货币贬值、汇率变化、物价上涨、政策法令变化等原因引起的索赔。

《标准施工招标文件》的通用合同条款中，按照引起索赔事件的原因不同，对一方当事人提出的索赔可给予合理补偿工期、费用和（或）利润的情况，分别作出了相应的规定。其中，引起承包人索赔的事件以及可得到的合理补偿内容见表2-12。

《标准施工招标文件》中承包人的索赔事件及可补偿内容　　表 2-12

序号	条款号	索赔事件	可补偿内容		
			工期	费用	利润
1	1.6.1	迟延提供图纸	√	√	√
2	1.10.1	施工中发现文物、古迹	√	√	
3	2.3	迟延提供施工场地	√	√	√
4	4.11	施工中遇到不利物质条件	√	√	
5	5.2.4	提前向承包人提供材料、工程设备		√	
6	5.2.6	发包人提供材料、工程设备不合格或延迟提供或变更交货地点	√	√	√
7	8.3	承包人依据发包人提供的错误资料导致测量放线错误	√	√	√
8	9.2.6	因发包人原因造成承包人人员工伤事故		√	
9	11.3	因发包人原因造成工期延误	√	√	√
10	11.4	异常恶劣的气候条件导致工期延误	√		
11	11.6	承包人提前竣工		√	
12	12.2	发包人暂停施工造成工期延误	√	√	√
13	12.4.2	工程暂停后因发包人原因无法按时复工	√	√	√
14	13.1.3	因发包人原因导致承包人工程返工	√	√	√
15	13.5.3	监理人对已经覆盖的隐蔽工程要求重新检查且检查结果合格	√	√	√
16	13.6.2	因发包人提供的材料、工程设备造成工程不合格	√	√	√
17	14.1.3	承包人应监理人要求对材料、工程设备和工程重新检验且检验结果合格	√	√	√
18	16.2	基准日后法律的变化		√	
19	18.4.2	发包人在工程竣工前提前占用工程	√	√	√
20	18.6.2	因发包人的原因导致工程试运行失败		√	√
21	19.2.3	工程移交后因发包人原因出现新的缺陷或损坏的修复		√	√
22	19.4	工程移交后因发包人原因出现的缺陷修复后的试验和试运行		√	
23	21.3.1(4)	因不可抗力停工期间应监理人要求照管、清理、修复工程		√	
24	21.3.1(4)	因不可抗力造成工期延误	√		
25	22.2.2	因发包人违约导致承包人暂停施工	√	√	√

2. 索赔的依据

提出索赔和处理索赔都要依据下列文件或凭证：

（1）工程施工合同文件。工程施工合同是工程索赔中最关键和最主要的依据，工程施工期间，发承包双方关于工程的洽商、变更等书面协议或文件，也是索赔的重要依据。

（2）国家法律、法规。国家制定的相关法律、行政法规是工程索赔的法律依据。工程项目所在地的地方性法规或地方政府规章，也可以作为工程索赔的依据，但应当在施工合同专用条款中约定为工程合同的适用法律。

(3) 国家和地方有关的标准、规范和定额，对于工程建设的强制性标准，是合同双方必须严格执行的；对于非强制性标准，必须在合同中有明确规定的情况下，才能作为索赔的依据。

(4) 工程施工合同履行过程中与索赔事件有关的各种凭证。这是承包人因索赔事件所遭受费用或工期损失的事实依据，它反映了工程的计划情况和实际情况。

3. 索赔成立的条件

承包人工程索赔成立的基本条件包括：

(1) 索赔事件已造成了承包人直接经济损失或工期延误；

(2) 造成费用增加或工期延误的索赔事件是因非承包人的原因发生的；

(3) 承包人已经按照工程施工合同规定的期限和程序提交了索赔意向通知、索赔报告及相关证明材料。

4. 承包人对发包人的费用索赔计算

(1) 索赔费用的组成。对于不同原因引起的索赔，承包人可索赔的具体费用内容是不完全一样的。但归纳起来，索赔费用的要素与工程造价的构成基本类似，一般可归结为：分部分项工程费（包括人工费、材料费、施工机具使用费、管理费、利润）、措施项目费（单价措施、总价措施）、规费与税金、其他相关费用。

1) 分部分项工程费、单价措施项目费。工程量清单漏项或非承包人原因的工程变更，造成增加新的工程量清单项目，其对应的综合单价的确定按照工程变更价款的确定原则进行。

①人工费。人工费的索赔包括：由于完成合同之外的额外工作所花费的人工费用；超过法定工作时间加班劳动；法定人工费增长；因非承包商原因导致工效降低所增加的人工费用；因非承包商原因导致工程停工的人员窝工费和工资上涨费等。增加工作内容的人工费应按照计日工费计算，停工损失费和工作效率降低的损失费按窝工费计算，窝工费的标准双方可在合同中约定。

【例 2.15】某建设项目因场外突然断电造成工地全面停工 2 天，使总工期延长 2 天，窝工 50 工日；复工后建设单位要求施工单位对场外电缆及配电箱进行全面检查，增加劳动用工 2 工日。人工费为 220 元/工日，按照合同约定非施工单位原因造成的窝工费按人工费的 45%计取。施工单位就该事件提出索赔，索赔是否成立，如成立应索赔的人工费为多少元?

【分析】 施工单位人工费索赔成立。因场外停电造成施工单位窝工，责任由建设单位承担，窝工费用索赔成立；复工后，应建设单位要求对场外的电缆及配电箱进行全面检查，费用应由建设单位承担，增加费用索赔成立。索赔的人工费如下：

窝工费用：$50\times220\times45\%=4950$ 元

新增人工费：$2\times220=440$ 元

② 材料费。材料费的索赔包括：由于索赔事件的发生造成材料实际用量超过计划用量而增加的材料费；由于发包人原因导致工程延期，期间的材料价格上涨和超期储存费用。材料费中应包括：运输费、仓储费、以及合理的损耗费用。如果由于承包商管理不善，造成材料损坏失效，则不能列入索赔款项内。

③ 施工机具使用费。施工机械使用费的索赔包括：由于完成合同之外的额外工作所

增加的机械使用费；非因承包人原因导致工效降低所增加的机械使用费；由于发包人或工程师指令错误或迟延导致机械停工的台班停滞费；因窝工引起的施工机械费索赔。当施工机械属于施工企业自有时，按照机械折旧费计算；当施工机械是施工企业从外部租赁时，按照租赁费计算。

【例 2.16】 某建设项目在施工过程中，因甲方提供的材料未按时到达施工现场导致施工暂停 5 天，致使总工期延长 4 天。施工现场有租赁的塔式起重机 1 台，自有的砂浆搅拌机 2 台。塔式起重机台班单价为 920 元/台班，租赁费为 530 元/台班，砂浆搅拌机台班单价为 210 元/台班，折旧费为 70 元/台班。施工单位就该事件提出工期索赔和机械费索赔，索赔是否成立，如成立应索赔的机械费为多少元?

【分析】 施工单位索赔成立。因甲方提供的材料未按时到场造成停工，责任由建设单位承担，索赔成立。该事件对总工期的影响只有 4 天，故工期可索赔 4 天。由于施工机械是施工企业从外部租赁的，应按照租赁费计算，索赔的机械费如下：

塔式起重机应按租赁费用计算：4×1×530=2120 元

砂浆搅拌机应按机械折旧费计算：4×2×70=560 元

④ 管理费。管理费包括：现场管理费和总部（企业）管理费两部分。现场管理费的索赔包括承包人完成合同之外的额外工作以及由于发包人原因导致工期延期期间的现场管理费，包括：管理人员工资、办公费、通信费、交通费等。总部管理费的索赔主要指的是由于发包人原因导致工程延期期间承包人向公司总部提交的管理费，包括：总部职工工资、办公大楼折旧、办公用品、财务管理、通信设施以及总部领导人员赴工地检查指导工作等开支。

⑤ 利润。一般来说，由于工程范围的变更、发包人提供的文件有缺陷或错误、发包人未能提供施工场地以及因发包人违约导致的合同终止等事件引起的索赔，承包人都可以列入利润。比较特殊的是，根据《标准施工招标文件》通用合同条款第 11.3 的规定，对于因发包人原因暂停施工导致的工期延误，承包人有权要求发包人支付合理的利润（表 2-12）。索赔利润的计算通常是与原报价单中的利润百分率保持一致。但是应当注意的是，由于工程量清单中的单价是综合单价，已经包含了人工费、材料费、施工机具使用费、企业管理费、利润以及一定范围内的风险费用，在索赔计算中不应重复计算。

2）总价措施项目费。总价措施项目费（安全文明施工费除外）由承包人根据措施项目变更情况，提出适当的措施费变更，经发包人确认后调整。

3）规费与税金。规费与税金按原报价中的规费费率与税率计算。

4）其他相关费用。其他相关费用主要包括因非承包人原因造成工期延误而增加的相关费用，如迟延付款利息、保险费、分包费用等。

【例 2.17】 某建筑项目在施工过程中，由于市政道路施工破坏了入场道路，导致工程停工 1 个月且总工期增加 1 个月。这种情况下，承包单位可索赔以下费用：

① 人工费：对于不可辞退的工人，索赔人工窝工费，按人工工日成本计算或按合同约定计算；对于可以辞退的工人，可索赔人工上涨费。

② 施工机具使用费：可索赔机具窝工费或机具台班上涨费。自有机械窝工按折旧计算，租赁机械按租金加进出场费的分摊计算。

③ 材料费：可索赔超期储存费用或材料价格上涨费。

④ 管理费：现场管理费可索赔增加的现场管理费；总部管理费可索赔延期增加的总部管理费。

⑤ 利润、总价措施、规费、税金：不可索赔。

⑥ 其他相关费用：保险费、保函手续费、利息可索赔延期 1 个月的费用。保险费按保险公司保险费率计算，保函手续费按银行规定的保函手续费率计算，利息按合同约定的利率计算。

（2）索赔费用的计算

索赔费用的计算以赔偿实际损失为原则，包括实际费用法、总费用法、修正总费用法 3 种方法。

1）实际费用法。实际费用法是按照各索赔事件所引起损失的费用分别计算，然后将各个项目的索赔值汇总。这种方法以承包商实际支付的价款为依据，是施工索赔时最常用的一种方法。

【例 2.18】 某工程在施工过程中，应使用需要，甲方对已完工程进行整改，具体情况如下：

背景资料 1：甲方有关通知。

关于职工食堂操作间整改有关通知

××建筑公司食堂工程项目部：

由于使用需要，经领导办公会决定，将一层至三层食堂操作间⑤、⑧轴线上已砌好的墙体拆除改为落地窗，落地窗具体做法详见附件。

××公司建设管理办公室（章）

年　月　日

背景资料 2：费用索赔申请（核准）表，见表 2-13。

费用索赔申请（核准）表　　表 2-13

工程名称：××职工食堂　　标段：　　第 1 页 共 1 页

致：××工程建设管理部 根据施工合同第 17 条的约定，由于业主方原因，我方要求索赔金额为（大写）柒万肆仟玖佰伍拾肆元贰角捌分（小写 74954.28 元），请予批准。 附：1. 费用索赔的详细理由及依据：业主方要求将已施工完成的墙体拆除更改为落地窗。 2. 索赔金额的计算： （1）墙体砌筑按已标价工程量清单执行，先不予重复计价； （2）落地窗价格按已标价工程量清单中已有价格执行，具体情况如下： 318×227＝72186 元 （3）原墙体拆除及建渣清运价格如下： 拆除人工：3 工日；单价 260 元/工日（参照已标价工程量清单，已含企业管理费和利润） 建渣运输（2km）：318×0.2＝63.6m^3　单价 26.3 元/m^3（参照已标价工程量清单中的已有项目） 索赔总金额：72186＋3×260＋63.6×26.3＝74638.68 元 备注：以上费用为除税金以外的所有费用。 承包人：（章） 承包人代表：______ 日期：______

续表

<table>
<tr><td>复核意见：
根据施工合同第 17 条的约定，你方提出的此项索赔申请经复核：
□不同意此项索赔，具体意见见附件。
☑同意此项索赔，签证金额的计算，由造价工程师复核。

监理工程师：______
日期：______</td><td>复核意见：
根据施工合同第 17 条的约定，你方提出的此项索赔申请经复核，索赔金额为（大写）柒万肆仟陆佰叁拾捌元陆角捌分（小写 74638.68 元）。

造价工程师：______
日期：______</td></tr>
<tr><td colspan="2">审核意见：
□不同意此项索赔。
☑同意此项索赔，价款与本期进度款同期支付。

发包人（章）
发包人代表：______
日期：______</td></tr>
</table>

【分析】当承包人的费用索赔与工期索赔要求相关联时，发包人在作出费用索赔的批准时，应结合工程延期，综合作出费用索赔和工程延期的决定。此案例经分析其施工进度实施计划后，确认该事件不影响工期。根据背景资料，索赔与现场签证计价汇总表，见表 2-14。

索赔与现场签证计价汇总表 表 2-14

工程名称：××职工食堂 标段： 第 1 页共 1 页

序号	签证及索赔项目名称	计量单位	数量	单价（元）	合价（元）	索赔及签证依据
1	对操作间整改后新增的落地窗	m^2	227		74638.68	第 7 号
	……				……	
	合计				74638.68	

2）总费用法。当发生多起索赔事件后，重新计算该工程的实际总费用，再减去原合同价，差额即为承包人的费用。

【例 2.19】某总价合同的签约合同价为 124.25 万元，在施工过程中因甲方原因产生工程变更，且几项变更交替发生，结算时实际总费用为 136.57 万元。则索赔费用为多少万元？

【分析】索赔费用：136.57－124.25＝12.32 万元

3）修正费用法。当发生多起索赔事件后，在总费用计算的原则上，去掉一些不合理的因素，使其更合理。修正内容主要包括修正索赔款的时段、修正索赔款时段内受影响的工作、修正受影响工作的单价。按修正后的总费用计算索赔金额的公式为：

索赔金额＝某项工作调整后的实际总费用－该项工作的报价费用

注意：在施工过程中可能出现共同延误的情况，索赔时应先分析初始延误的责任方，再进行索赔。

【例 2.20】 某施工合同约定，施工现场主导施工机械一台，由施工企业租得，台班单价为 300 元/台班，租赁费为 100 元/台班，人工工资为 40 元/工日，窝工补贴为 10 元/工日，以人工费为基数的综合费率为 35%，在施工过程中，发生了如下事件：①出现异常恶劣天气导致工程停工 2 天，人员窝工 30 个工日；②因恶劣天气导致场外道路中断抢修道路用工 20 工日；③场外大面积停电，停工 2 天，人员窝工 10 工日。为此，施工企业可向业主索赔费用为多少？

【分析】 各事件处理结果如下：

① 异常恶劣天气导致的停工通常不能进行费用索赔。

② 抢修道路用工的索赔＝20×40×(1＋35%)＝1080 元

③ 停电导致的索赔额＝2×100＋10×10＝300 元

总索赔费用＝1080＋300＝1380 元

（3）索赔的最终时限

发承包双方办理竣工结算后，承包人则不能再对已办理完的结算提出索赔。而承包人在提交的最终结清申请中，只针对竣工结算以后发生的事件进行索赔，索赔期限自发承包双方最终结清时终止。

5. 发包人对承包人的索赔

在合同履行过程中，由于非发包人原因（材料不合格、未能按照监理人要求完成缺陷补救工作、由于承包人的原因修改进度计划导致发包人有额外投入、管理不善延误工期等）而遭受损失，发包人按照合同约定的时间向承包人索赔。可以选择下列一项或几项方式获得赔偿：

（1）延长质量缺陷修复期限；

（2）要求承包人支付实际发生的额外费用；

（3）要求承包人按合同约定支付违约金。

承包人应付给发包人的索赔金额可以从拟支付给承包人的合同价款中扣回，或由承包人以其他方式支付给发包人，具体由发承包双方在合同中约定。

2.5 其他类引起的合同价款调整

其他类引起的合同价款调整

其他类合同价款调整事项主要指现场签证。现场签证是指发包人或其授权现场代表（包括工程监理人、工程造价咨询人）与承包人或其授权现场代

表就施工过程中涉及的责任事件所做的签认证明。施工合同履行期间出现现场签证事件的，发承包双方应调整合同价款。

1.　现场签证的提出

承包人应发包人要求完成合同以外的零星项目、非承包人责任事件等工作的，发包人应及时以书面形式向承包人发出指令，提供所需的相关资料；承包人在收到指令后，应及时向发包人提出现场签证要求。

现场签证的范围一般包括：

（1）适用于施工合同范围以外零星工程的确认；

（2）在工程施工过程中发生变更后需要现场确认的工程量；

（3）符合施工合同规定的非承包人原因引起的工程量或费用增减；

（4）非承包人原因导致的人工、设备窝工及有关损失；

（5）确认修改施工方案引起的工程量或费用增减；

（6）工程变更导致的工程施工措施费增减等。

2. 现场签证的要求

（1）形式规范

承包人应发包人要求完成合同以外的零星项目、非承包人责任事件等工作的，发包人应及时以书面形式向承包人发出指令，并提供所需的相关资料。工程实践中有些突发紧急事件需要处理，监理下达口头指令，施工单位予以实施，施工单位应在实施后及时要求监理单位完善书面指令，或者施工单位通过现场签证方式得到建设单位和监理单位对口头指令的确认。若未经发包人签证确认，承包人擅自施工的，除非征得发包人书面同意，否则发生的费用应由承包人承担。

（2）内容完整

一份完整的现场签证应包括时间、地点、缘由、事件后果、如何处理等内容，并由发承包双方授权的现场管理人员签章。

（3）及时进行

承包人应在收到发包人指令后，在合同约定的时间（合同未约定按规范明确的时间）内办理现场签证。

3. 现场签证的价款计算

（1）现场签证的工作如果已有相应的计日工单价，现场签证报告中仅列明完成该签证工作所需的人工、材料、工程设备和施工机具台班的数量。

（2）如果现场签证的工作没有相应的计日工单价，除在现场签证报告中列明完成该签证工作所需的人工、材料、工程设备和施工机具台班的数量外，还要列明其单价。

承包人应按照现场签证内容计算价款，报送发包人确认后，作为增加合同价款，与进度款同期支付。

经承包人提出，发包人核实并确认后的现场签证表，见表 2-15。

现场签证表 表 2-15

工程名称： 标段： 编号：

<table>
<tr><td>施工部位</td><td></td><td>日期</td><td></td></tr>
<tr><td colspan="4">致：____（发包人全称）____
根据______（指令人姓名）____年____月____日的口头指令或你方______（或监理人）______年______月______日的书面通知，我方要求完成此项工作应支付价款金额为（大写）______，（小写______元），请予核准。
附：1. 签证事由及原因
2. 附图及计算式

承包人：（章）
承包人代表：______
日期：______</td></tr>
<tr><td colspan="2">复核意见：
你方提出的此项签证申请经复核：
□不同意此项签证，具体意见见附件。
□同意此项签证，签证金额的计算，由造价工程师复核。

监理工程师：______
日期：______</td><td colspan="2">复核意见：
□此项签证按承包人中标的计日工单价计算，金额为（大写）______，（小写______元）。
□此项签证因无计日工单价，金额为（大写）______，（小写______元）。

造价工程师：______
日期：______</td></tr>
<tr><td colspan="4">审核意见：
□不同意此项签证。
□同意此项签证，价款与本期进度款同期支付。

发包人：（章）
发包人代表：______
日期：______</td></tr>
</table>

注：1. 在选择栏中的“□”内做标识“√”；

2. 本表一式四份，由承包人在收到发包人（监理人）的口头或书面通知后填写，发包人、监理人、造价咨询人、承包人各存一份。

【例 2.21】某工程在施工过程中，发生合同工程外的施工项目，背景资料如下：

背景资料 1：现场签证表，见表 2-16。

现场签证表　　表 2-16

工程名称：××职工食堂　　标段：　　第 1 页　共 1 页

<table>
<tr><td>施工部位</td><td>基础基坑内</td><td>日期</td><td></td></tr>
<tr><td colspan="4">致:××工程建设管理部
根据甲方代表的口头指令,职工宿舍基坑内废旧化粪池处理工作。我方要求完成此项工作应支付价款金额为(大写)捌仟叁佰伍拾肆元陆角捌分(小写 8354.68 元),请予批准。
附:1. 签证事由及原因:基坑内废旧化粪池处理。
2. 计算式:
化粪池内脏污处理:8000.00 元(请专业公司处理,发票附后)
化粪池拆除:1 工日;单价 260 元/工日(参照已标价工程量清单,已含企业管理费和利润)
建渣运输(2km):24×0.15=3.6m³,单价 26.3 元/m³(参照已标价工程量清单中的已有项目)
费用总金额:8000+260×1+3.6×26.3=8354.68 元

承包人:(章)
承包人代表:______
日期:______</td></tr>
<tr><td colspan="2">复核意见:
你方提出的此项签证申请经复核:
☐不同意此项签证,具体意见见附件。
☑同意此项签证,签证金额的计算由造价工程师复核。

监理工程师:______
日期:______</td><td colspan="2">复核意见:
☑此项签证按承包人中标的计日工单价计算,金额为(大写)捌仟叁佰伍拾肆元陆角捌分(小写 8354.68 元)。
☐此项签证无计日工单价,金额为(大写)______(小写______)。

造价工程师:______
日期:______</td></tr>
<tr><td colspan="4">审核意见:
☐不同意此项签证。
☑同意此项签证,价款与本期进度款同期支付。

发包人(章)
发包人代表:______
日期:______</td></tr>
</table>

【分析】签证时应注意，现场签证的工作如已有相应的计日工单价，现场签证中应列明完成该类项目所需的人工、材料、工程设备和施工机具台班的数量；如现场签证的工作没有相应的计日工单价，应在现场签证报告中列明完成该签证工作所需的人工、材料、工程设备和施工机具台班的数量及单价。发生现场签证的事项，未经发包人签证确认，承包人便擅自施工的，除非征得发包人书面同意，否则发生的费用应由承包人承担。索赔与现场签证计价汇总表，见表 2-17。

索赔与现场签证计价汇总表 表 2-17

工程名称：××职工食堂 标段： 第 1 页 共 1 页

序号	签证及索赔项目名称	计量单位	数量	单价(元)	合价(元)	索赔及签证依据
1	基坑内化粪池处理	座	1		8354.68	第 2 号
	……				……	
	合计				112397.82	

4. 现场签证的限制

合同工程发生现场签证事项，未经发包人签证确认，承包人便擅自实施相关工作的，除非征得发包人书面同意，否则发生的费用由承包人承担。

思考与练习题

一、单选题

1. 发承包双方应首先按照（ ）调整合同价款。

A. 法律法规　　B. 计价规范

C. 计价定额　　D. 合同约定

2. 某建设工程开标日期为 4 月 30 日，该工程基准日为（ ）。

A. 4 月 1 日　　B. 4 月 2 日

C. 4 月 3 日　　D. 4 月 4 日

3. 已标价工程量清单中没有适用也没有类似变更工程项目的，由承包人根据变更工程资料、计量规则和计价办法、工程造价管理机构发布的信息价格和承包人报价浮动率，提出变更工程项目的单价或总价，报（ ）确认后调整。

A. 设计师　　B. 发包人

C. 项目经理　　D. 监理工程师

4. 某招标工程的招标控制价为 1500 万元，中标价为 1350 万元，结算价为 1300 万元，则承包人报价浮动率为（ ）。

A. 13.3%　　B. 12.5%　　C. 10%　　D. 3.7%

5. 根据《建设工程工程量清单计价规范》(GB 50500—2013)，承包人采购材料和工程设备的，应在合同中约定主要材料、工程设备价格变化范围或幅度；当没有约定，且材料、工程设备单价变化超过（ ）时，应该调整材料、工程设备费。

A. 3%　　B. 5%　　C. 8%　　D. 10%

6. 应甲方要求，某工程增加了 C25 混凝土台阶项目。合同中规定，材料单价在投标文件中已有的执行投标文件中的材料单价。已标价清单中，C25 混凝土单价为 325 元/m^3，当期工程造价信息中为 305 元/m^3，签订合同时工程造价信息中为 315 元/m^3，则应选取（ ）。

A. 325 元/m^3　　B. 305 元/m^3

C. 315 元/m^3　　D. 双方临时约定

7. 某工程结构施工图设计说明中明确剪力墙的强度等级为 C45，招标工程量清单中的特征描述为 C40，实际施工时是 C35 混凝土，则结算时按（　　）计价。

A. C45　　B. C40　　C. 35　　D. 均不对

8. 根据《建设工程工程量清单计价规范》（GB 50500—2013），如果承包人未按照合同约定施工，导致实际进度迟于计划进度的，承包人应加快进度，实现合同工期，由此产生的费用由（　　）承担。

A. 发包人　　B. 承包人　　C. 监理单位　　D. 保险公司

9. 根据《建设工程工程量清单计价规范》（GB 50500—2013），当因工程量偏差和工程变更等原因导致工程量偏差超过（　　）时，其综合单价可以进行调整。

A. 10%　　B. 15%　　C. 20%　　D. 25%

10. 某工程项目招标工程量清单数量为 2400m^3，该项目招标控制价综合单价为 210 元/m^3；合同规定，当实际工程量超过估计工程量 15%时，超过部分单价调整为 180 元/m^3。工程结束时实际完成工程量为 3000m^3，则工程结算价款为（　　）万元。

A. 54　　B. 61.2　　C. 62.28　　D. 63

11. 因不可抗力事件导致损失，下面说法正确的是（　　）。

A. 承包人员伤亡应由发包人负责

B. 第三方人员伤亡由承包人负责

C. 工程修复费用由承包人承担

D. 承包人的施工机械损坏由承包人承担

12. 因业主原因造成工地全面停工 5 天，使总工期延长 3 天，造成窝工共 80 工日。人工费为 85 元/工日，按照合同约定非施工单位原因造成窝工的按人工费的 50%计取。应索赔的人工费为（　　）元。

A. 17000　　B. 10200　　C. 6800　　D. 3400

13. 在施工过程中，因甲供材未按时到场导致暂停施工 3 天，使总工期延长 2 天。施工现场有租赁的塔式起重机 1 台。塔式起重机台班单价为 350 元/台班，租赁费为 500 元/台班。应索赔的机械费为（　　）元。

A. 1000　　B. 1500　　C. 1050　　D. 700

14. 在施工过程中，因业主提供的材料不合格导致暂停施工 5 天，使总工期延长 4 天。施工现场有自有的履带式柴油打桩机 1 台。履带式柴油打桩机台班单价为 420 元/台班，折旧费为 120 元/台班。索赔的机械费为（　　）元。

A. 480　　B. 600　　C. 1680　　D. 2100

15. 某总价合同的签约合同价为 1863.56 万元，在施工过程中因甲方原因产生工程变更，且几项变更交替发生，结算时实际总费用为 1976.38 万元。采用总费用法，则索赔费用为（　　）万元。

A. 121.28　　B. 121.82　　C. 112.28　　D. 112.82

二、多选题

1. 下面属于工程变更类的合同价款调整事项的是（　　）。

A. 法律法规变化　　B. 项目特征描述不符

C. 工程量偏差　　D. 工程量清单缺项

E. 提前竣工（赶工补偿）

2. 下面属于工程变更事项的是（　　）。

A. 增加或减少合同中任何工作，或追加额外的工作

B. 改变合同中任何工作的质量标准或其他特性

C. 改变工程的时间安排或实施顺序

D. 实际施工与招标工程量清单特征描述不符

E. 改变工程的位置和尺寸

3. 根据《建设工程工程量清单计价规范》（GB 50500—2013），物价波动时合同价款的调整方法有（　　）。

A. 总费用法　　B. 价格指数调整价格差额法

C. 造价信息调整价格差额法　　D. 加权平均法

E. 简单平均法

4. 以下对索赔描述正确的有（　　）。

A. 发包人也可向承包人索赔　　B. 索赔是一种惩罚不是补偿

C. 索赔必须在合同约定时间内进行　　D. 索赔可以是经济补偿

E. 索赔可以是工期顺延要求

5. 索赔费用包括（　　）。

A. 人工费　　B. 材料费

C. 施工机械使用费　　D. 管理费和利润

E. 税金

6. 以下对索赔人工费描述正确的有（　　）。

A. 合同以外的增加的人工费　　B. 非承包人原因引起的人工降效

C. 法定工作时间以外的加班　　D. 法定人工费增长

E. 承包人原因导致的窝工

7. 索赔费用的计算方法有（　　）。

A. 综合单价法　　B. 实际费用法　　C. 总费用法　　D. 修正费用法

E. 对比分析法

8. 修正费用法修正的主要内容包括（　　）。

A. 修正索赔款的时段　　B. 修正索赔时段内受影响的工作

C. 修正受影响工作的单价　　D. 修正计价方法

E. 修正合同内容

三、简答题

1. 根据《建设工程工程量清单计价规范》（GB 50500—2013），工程变更引起分部分项工程项目发生变化时，合同价款调整的原则有哪些？

2. 承包人工程索赔成立的条件有哪些？

四、计算题

1. 某建设工程项目，独立基础的招标工程量为 35m^3，已标价清单中该项目的综合单价为 320 元/m^3。合同规定，工程量增加（减少）超过 15%的，增加（减少）部分，其综合单价下调（上浮）5%。

问题：

（1）实际施工时为 45m^3，则独立基础的结算价款为多少？

（2）实际施工时为 25m^3，则独立基础的结算价款为多少？

2. 某建筑与装饰工程工程项目招标工程量清单中花岗岩楼地面工程量为 960m^2，招标控制价为 265 元/m^2，投标报价的综合单价为 310 元/m^2，该项目投标报价下浮率为 5%，施工中由于设计变更实际应予以计量的工程量为 1200m^2，合同约定按照已标价工程量清单与招标控制价中相关综合单价的关系即式（2.2.5）、式（2.2.6）予以处理。

问题：

（1）该花岗岩楼地面项目的综合单价是否调整？

（2）该花岗岩楼地面项目结算价款为多少？

教学单元3 工程结算程序

Chapter 03

【知识目标】

了解工程结算的形式；理解工程预付款、进度款、竣工结算及最终清算的概念；熟悉工程结算计量规则；掌握工程预付款、进度款；竣工结算、最终清算的计算及支付。

【能力目标】

通过对工程预付款、进度款、竣工结算、最终清算基本知识的掌握，能够按照计价规范、计量规范及工程结算的要求进行工程结算的编制，完成工程结算款的支付。

【素质目标】

通过本单元知识的讲解，使学生掌握工程结算的程序，培养一丝不苟、严谨求实、精益求精的工作态度，树立国家意识、法治意识、规范意识，培养有思想、有情怀、专业强的高素质工程造价专业技能型人才，培养为国家和社会发展做出自己贡献的责任感与职业自豪感。

思维导图

建设工程价款结算是指承包人在工程实施过程中，依据承包合同中有关付款条款的规定和已经完成的工程量，并按照规定的程序向发包人收取工程款的一项经济活动。工程价款结算一般采用预付、中间支付、竣工结算的方式进行。按照实施过程，工程结算分为预付款、进度款、竣工结算和最终结清四个环节。

3.1 预付款

动画：工程预付款

工程预付款指在开工前，发包人按照合同约定，预先支付给承包人用于购买合同工程施工所需的材料、工程设备以及组织施工机械和人员进场等的款项。预付款的额度、时间和预付办法在专用合同条款中约定。

3.1.1 预付款的支付

预付款的支付

1. 工程预付款的额度

关于工程预付款额度，各地区、各部门的规定不完全相同，主要是保证施工所需材料和构件的正常储备。工程预付款额度一般是根据主要材料和构件费用占工程造价的比重、材料储备期、施工工期等因素经测算来确定。预付款额度确定的方法有以下两种：

（1）百分比法。发包人根据工程的特点、工期长短、市场行情、供求规律等因素，招标时在合同条件中约定工程预付款的百分比。根据《建设工程工程量清单计价规范》（GB 50500—2013）的规定，包工包料工程的预付款支付比例不得低于签约合同价（扣除暂列金额）的 10%，不宜高于签约合同价（扣除暂列金额）的 30%。

（2）公式计算法。公式计算法是指将影响预付款的各个因素作为参数，如主要材料（含结构件等）占年度承包工程总价的比例、材料储备定额天数和年度施工天数等，通过公式计算预付款额度的一种方法。其计算公式如下：

$$M=\frac{P\cdot N}{T}\times t \tag{3-1}$$

式中，M——预付款数额；

P——年度建筑安装工程量；

N——主要材料和构件费用占年度建筑安装工作量的比例，根据施工图预算确定；

T——年度施工日历天数；

t——材料储备时间，可根据材料储备定额或当地材料供应情况确定。

公式（3-1）中，年度施工天数按 365 天日历天计算；材料储备定额天数由当地材料供应的在途天数、加工天数、整理天数、供应间隔天数以及保险天数等因素决定。

【例 3.1】某住宅工程，年度计划完成建筑安装工作量 800 万元，年度施工天数为 320 天，材料费占造价的比重为 60%，材料储备期为 120 天，试确定预付款数额。

预付款数额＝(800×60%/320)×120＝180 万元

2. 工程预付款支付的时间

预付款的支付按照专用合同条款约定执行，一般情况下，承包人应在签订合同或向发包人提供预付款等额的预付款保函后，向发包人提交预付款支付申请；发包人应在收到支付申请的7天内进行核实，向承包人发出预付款支付证书，并在签发支付证书后7天内向承包人支付预付款。为了规范计价行为，《建筑工程工程量清单计价规范》(GB 50500—2013) 给出了“预付款支付申请（核准）表”规范格式，见表3-1。

预付款支付申请（核准）表　　表3-1

工程名称：　　标段：　　编号：

致：＿＿＿＿＿＿＿＿（发包人全称）

我方根据施工合同的约定，现申请支付工程预付款额为(大写)＿＿＿＿(小写＿＿＿＿)，请予核准。

序号	名　称	申请金额(元)	复核金额(元)	备　注
1	已签约合同价款金额			
1.1	其中：安全文明施工费			
2	应支付的预付款			
3	应支付的安全文明施工费			
4	合计应支付的预付款			

承包人(章)

造价人员＿＿＿＿　　承包人代表＿＿＿＿　　日　期＿＿＿＿

复核意见： □与合同约定不相符，修改意见见附件。 □与合同约定相符，具体金额由造价工程师复核。 监理工程师＿＿＿＿ 日　期＿＿＿＿	复核意见： 你方提出的支付申请经复核，应支付预付款金额为(大写)＿＿＿＿(小写＿＿＿＿)。 造价工程师＿＿＿＿ 日　期＿＿＿＿

审核意见：

□不同意。

□同意，支付时间为本表签发后的15天内。

发包人(章)

发包人代表＿＿＿＿

日　期＿＿＿＿

注：1. 在选择栏中的“□”内作标识“√”。

2. 本表一式四份，由承包人填报，发包人、监理人、造价咨询人、承包人各存一份。

发包人没有按合同约定按时支付预付款的，逾期支付预付款超过7天的，承包人有权向发包人发出要求预付的催告通知，发包人收到通知后7天内仍未支付的，承包人可在付款期满后第8天暂停施工。发包人应承担由此增加的费用和延误工期的后果，并向承包人支付合理利润。

知识拓展

工程预付款仅用于承包方支付施工开始时承包人用于购买工程施工所需的材料、工程设备以及组织施工机械和人员进场等与本工程有关的费用。如承包方滥用此款，发包方有权立即收回。

3.1.2 预付款的扣回

预付款的扣回

发包人支付给承包人的工程预付款属于预支性质，工程实施后，随着工程所需材料储备的逐步减少，原已支付的预付款应以充抵工程价款的方式陆续扣回，即从承包商应得的工程进度款中扣回，直到扣回的金额达到合同约定的预付款金额为止。在颁发工程接收证书前，提前解除合同的，尚未扣完的预付款应与合同价款一并结算。抵扣方式应当由双方当事人在合同中明确约定。抵扣方法主要有以下两种：

1. 按合同约定扣款法

预付款的扣款法由发包人和承包人通过洽商后在合同中约定，一般是在承包人完成金额累计达到合同总价的一定比例（双方合同约定）后，由发包方从每次应支付给承包方的工程进度款中扣回工程预付款，直到扣回的金额达到合同约定的预付款金额为止。

国际工程中的扣款方法一般为：当工程进度款累计金额超过合同价款的10%～20%时开始起扣，每月从进度款中按一定比例扣回。

2. 起扣点计算法

起扣点计算法是从未完工程所需的主要材料及构件的价值等于工程预付款数额时起扣。此后每次结算工程价款时，按主要材料及构件价值所占比重抵扣工程价款，至工程竣工前全部扣清。起扣点的计算公式如下：

$$T=P-\frac{M}{N} \tag{3-2}$$

式中 T——起扣点（即工程预付款开始扣回时的累计完成工程金额）；

P——签约合同价；

M——工程预付款总额；

N——主要材料及构件所占比重。

【例3.2】某工程合同价总额为210万元，工程预付款24万元，主要材料、构件占比重60%，则起扣点为：

$$210-\frac{24}{60\%}=170\text{ 万元}$$

【例3.3】某工程签约合同价为800万元，预付款的额度为15%，材料费占65%，该工程产值统计见表3-2。

工程产值统计表　　表 3-2

（单位：万元）

月份	1	2	3	4	5	6	合计
产值	150	100	230	160	120	40	800

【问题】

（1）预付款额度；

（2）合同约定按照起扣点计算法确定起扣点和起扣时间，计算起扣点和起扣时间（计算结果保留 2 位小数）；

（3）合同约定从结算价款中按材料和设备占施工产值的比重抵扣预付款，计算各期应抵扣的预付款。

【分析】

（1）预付款的额度：800×15％＝120 万元

（2）预付款起扣点：800－120/0.65＝615.38 万元

起扣时间：150＋100＋230＋160＝640 万元，从第 4 月开始起扣。

（3）4 月份起扣预付款额度：(640－615.38)×65％＝16 万元

5 月份起扣预付款额度：120×65％＝78 万元

6 月份起扣预付款额度：120－16－78＝26 万元

3.1.3　预付款担保

预付款担保是指承包人与发包人签订合同后领取预付款前，承包人正确、合理使用发包人支付的预付款而提供的担保，承包人应在发包人支付预付款前 7 天提供预付款担保，专用合同条款另有约定除外。其主要作用是保证承包人按合同规定的目的使用并及时偿还发包人已支付的全部预付金额。如果承包人中途毁约，中止工程，使发包人不能在规定期限内从应付工程款中扣除全部付款，则发包人有权从该项担保金额中获得补偿。

预付款担保可采用银行保函、担保公司担保、抵押等担保形式，担保的主要形式是银行担保，具体由合同当事人在专用合同条款中约定。在预付款完全扣回之前，承包人应保证预付款担保持续有效。

发包人在工程款中逐期扣回预付款后，预付款担保额度应相应减少，但剩余的预付款担保金额不得低于未被扣回的预付款金额。在预付款全部扣回之前一直保持有效。发包人应在预付款扣完后的 14 天内将预付款保函退还给承包人。

3.1.4　安全文明施工费

安全文明施工费包括的内容和使用范围，应符合国家有关文件和计量规范规定。

发包人应在工程开工后的 28 天内，预付不低于当年施工进度计划的安全文明施工费总额的 60％，其余部分按照提前安排的原则与进度款同期支付。

发包人没有按时支付安全文明施工费的，承包人可催告发包人支付；发包人在付款期满后的 7 天内仍未支付的，若发生安全事故，发包人应承担相应责任。

3.2 进度款

进度款是在工程施工过程中，发包人按照合同约定对付款周期内承包人完成的合同价款给予支付的款项，也就是工程进度款的结算支付。发承包双方应按照合同约定的时间、程序和方法，根据工程计量结果，办理期中价款结算，支付进度款。进度款支付周期，应与合同约定的工程计量周期一致。

知识拓展

施工企业在施工过程中，根据合同所约定的结算方式，按月、形象进度或控制界面，完成的工程量计算各项费用，向业主办理工程进度款结算。

3.2.1 工程计量

工程计量

1. 工程计量的概念

工程计量是发承包双方根据合同约定，对承包人已经完成合同工程的数量进行的计算和确认，是发包人支付工程价款的前提工作。因此，工程计量是发包人控制施工阶段工程造价的关键环节。

具体来说就是双方根据设计图纸、技术规范以及施工合同约定的计量方式和计算方法，对承包人已经完成的质量合格的工程实体数量进行测量与计算，并以物理计量单位或自然计量单位进行标识、确认的过程。

招标工程量清单所列的数量，是根据设计图纸计算的数量，在施工过程中，通常会有一些原因导致承包人实际完成量与工程量清单中所列工程量不一致，如招标工程量清单缺项或项目特征描述与实际不一致、工程变更、现场施工条件变化、现场签证以及暂估价中专业工程发包等。在工程合同价款结算前，必须对承包人履行合同义务所完成的实际工程进行准确的计量。

2. 工程计量的原则

(1) 不符合合同文件的工程不予计量。即工程必须满足设计图纸、设计规范等合同文件对其在工程质量上的要求，同时有关的工程质量验收资料要齐全、手续要完备，满足合同文件对其在工程管理上的要求。

(2) 按合同文件所规定的方法、范围、内容和单位计量。工程计量的方法、范围、内容和单位受合同文件约束，其中工程量清单（说明）、技术规范、合同条款均会从不同角度、不同侧面涉及这方面的内容。在计量中要严格遵循这些文件的规定，结合使用。

(3) 因承包人原因造成的超出合同工程范围施工或返工的工程量，发包人不予计量。

3. 工程计量的范围和依据

(1) 工程量计量的范围包括：工程量清单及工程变更所修订的工程量清单的内容；合同文件中规定的各种费用支付项目，如索赔、各种预付款、价格调整和违约金等。

(2) 工程计量的依据包括工程量清单及说明、合同图纸、工程变更及其修订的工程量清单、合同条件、技术规范、有关计量的补充协议和质量合格证书等。

4. 工程计量的方法

工程量必须按照相关现行国家工程量计量规范规定的工程量计算规则计算；工程计量可选择按月或按工程形象进度分段计量，具体计量周期应在合同中约定。通常分为单价合同计量和总价合同计量，成本加酬金合同按单价合同的计量规定计量。

(1) 单价合同计量

单价合同工程量多以承包人完成合同工程应予计量的工程量确定。施工中进行工程计量，若发现招标工程量清单中出现缺项，工程量偏差，或因工程变更引起工程量的增减时，应按承包人在履行合同义务中完成的工程量计算。

为了规范计量行为，《建筑工程工程量清单计价规范》(GB 50500—2013) 给出了“工程计量申请（核准）表”规范格式，见表3-3。

工程计量申请（核准）表　　表3-3

工程名称：　　标段：　　第　页共　页

序号	项目编码	项目名称	计量单位	承包人申报数量	发包人核实数量	发承包人确认数量	备注

承包人代表： 日期：	监理工程师： 日期：	造价工程师： 日期：	发包人代表： 日期：

（2）总价合同计量

采用工程量清单方式招标形成的总价合同，工程量应按照与单价合同相同的方式计算。采用经审定批准的施工图纸及其预算方式发包形成的总价合同，除按照工程变更规定引起的工程量增减外，总价合同各项目的工程量应为承包人用于结算的最终工程量。总价合同约定的项目计量应以合同工程经审定批准的施工图纸为依据，发承包双方应在合同中约定工程计量的形象目标或时间节点进行计量。

（3）工程量的确认

动画：已完工程量计量流程

1）承包人应按专用条款约定的时间向工程师提交已完工程量报告。工程师接到报告后7天内按设计图纸核实已完工程量（计量），计量前24小时通知承包方，承包方为计量提供便利条件并派人参加。承包方收到通知不参加计量的，计量结果有效，并作为工程价款支付的依据。

2）工程师收到承包人报告后7天内未计量，从第8天起，承包人报告中开列的工程量即视为确认，作为工程价款支付的依据。工程师不按约定时间通知承包人，致使承包人未能参加计量，计量结果无效。

3）承包人超出设计图纸范围和因承包人原因造成返工的工程量，工程师不予计量。如施工方为了保证地基处理的质量，夯击范围超出施工图规定范围，扩大部分不予计量。因为超出部分是施工方为保证质量而采取的技术措施，增加的费用由施工单位承担。

【例3.4】某工程按合同约定的时间进行计量，其中的砌体工程承包方已按原蓝图完成240mm厚、3.3m高墙体的施工，后发包方提出变更，将墙改为180mm厚、3m高。该墙体部分的工程量该如何计量？承包方该如何处理该项变更？

【分析】

（1）该项目按蓝图施工完成的240mm厚、3.3m高的墙体予以计量。

（2）承包方应按照合同约定的时间对已经完成部分因发包方原因导致拆除返工产生的费用以及工程变更向发包方提出签证，内容包括：

1）因拆除而产生的费用：包括人工费、机械费（若有）、管理费、垃圾搬运费；

2）变更后的180mm厚、3m高墙体的工程量及相应款项。

3.2.2 进度款的计算

进度款的计算

本期应支付的合同价款(进度款)＝本期已完的合同价款×支付比例－本周期应扣减金额

1. 本期已完工程的合同价款

已标价工程量清单中的单价项目，承包人应按工程计量确认的工程量乘以综合单价计算。如综合单价发生调整的，以发承包双方确认调整的综合单价计算进度款计算。

已标价工程量清单中的总价项目，承包人应按合同中约定的进度款支付分解，分别列入进度款支付申请中的安全文明施工费与本周期应支付的总价项目的金额中。

2. 结算价款的调整

承包人现场签证和得到发包人确认的索赔金额列入本周期应增加的金额中。

3. 进度款的支付比例

进度款的支付比例按照合同约定的，按期中结算价款总额计，不低于 60%，不高于 90%。

4. 本期应扣减金额

（1）应扣回的预付款。预付款应从每一个支付期应付给承包人的工程款中扣回，直到扣回的金额达到合同约定的预付款金额为止。

（2）发包人提供的甲供材料金额。发包人提供的材料、工程设备金额应按照发包人签约提供的单价和数量从进度款支付中扣除，列入本周期应扣减的金额中。

3.2.3　进度款的支付程序

1. 进度款支付申请

承包人应在每个计量周期到期后的第 7 天内向发包人提交已完工程进度款支付申请一式四份，详细说明此周期认为有权得到的款额，包括分包人已完工程的价款。《建筑工程工程量清单计价规范》（GB 50500—2013）给出了“进度款支付申请（核准）表”规范格式，见表 3-4。

进度款的支付

支付申请应包括下列内容：

（1）累计已完成的合同价款。

（2）累计已实际支付的合同价款。

动画：进度款的支付流程

（3）本周期合计完成的合同价款，其中包括：

1）本周期已完成单价项目的金额；

2）本周期应支付的总价项目的金额；

3）本周期已完成的计日工价款；

4）本周期应支付的安全文明施工费；

5）本周期应增加的金额。

（4）本周期合计应扣减的金额，其中包括：

1）本周期应扣回的预付款；

2）本周期应扣减的金额。

（5）本周期实际应支付的合同价款。

2. 进度款支付证书

发包人应在收到承包人进度款支付申请后，根据计量结果和合同约定对申请内容予以核实，确认后向承包人出具进度款支付证书。若发承包双方对部分清单项目的计量结果出现争议，发包人应对无争议部分的工程计量结果向承包人出具进度款支付证书。

3. 支付证书的修正

发现已签发的任何支付证书有错、漏或重复的数额，发包人有权予以修正，承包人也有权提出修正申请。经发承包双方复核同意修正的，应在本次到期的进度款中支付或扣除。

进度款支付申请（核准）表　　　　表 3-4

工程名称：　　　　　　　　　　　　标段：　　　　　　　　　　编号：

致：____（发包人全称）

我方于________至________期间已完成了________工作，根据施工合同的约定，现申请支付本周期的合同款额为（大写）________（小写________），请予核准。

序号	名称	实际金额(元)	申请金额(元)	复核金额(元)	备注
1	累计已完成的合同价款				
2	累计已实际支付的合同价款				
3	本周期合计完成的合同价款				
3.1	本周期已完成单价项目的金额				
3.2	本周期应支付的总价项目的金额				
3.3	本周期已完成的计日工价款				
3.4	本周期应支付的安全文明施工费				
3.5	本周期应增加的合同价款				
4	本周期合计应扣减的金额				
4.1	本周期应抵扣的预付款				
4.2	本周期应扣减的金额				
5	本周期应支付的合同价款				

附：上述 3、4 详见附件清单。

承包人（章）

造价人员____________　　　承包人代表____________　　　日　　期____________

复核意见：

□与实际施工情况不相符，修改意见见附件。

□与实际施工情况相符，具体金额由造价工程师复核。

监理工程师____________

日　　期____________

复核意见：

你方提出的支付申请经复核，本周期已完成合同款额为（大写）____________（小写____________），本周期应支付金额为（大写）________（小写__________）。

造价工程师____________

日　　期____________

审核意见：

□不同意。

□同意，支付时间为本表签发后的 15 天内。

发包人（章）

发包人代表________

日　　期________

注：1. 在选择栏中的"□"内作标识"√"。

2. 本表一式四份，由承包人填报，发包人、监理人、造价咨询人、承包人各存一份。

4. 进度款的支付

（1）除专用合同条款另有约定外，发包人应在签发进度款支付证书后的 14 天内，按照支付证书列明的金额向承包人支付进度款。发包人逾期支付进度款的，应按照中国人民银行发布的同期同类贷款基准利率支付违约金。

（2）发包人逾期未签发进度款支付证书，则视为承包人提交的进度款支付申请已被发包人认可，承包人可向发包人催告付款通知。发包人应在收到通知后 14 天内，按照承包人支付申请金额向承包人支付进度款，并按约定的金额扣回预付款。

（3）符合规定范围合同价款调整、工程变更调整的合同价款及其他条款中约定的追加合同价款应与工程款同期支付。

（4）发包人超过约定时间不支付工程款，承包人可催告发包人支付，并有权获得延迟支付的利息；发包人在期满后的 7 天内仍未支付的，承包人可在付款期满后的第 8 天起暂停施工。发包人应承担由此增加的费用和延误工期的后果，并向承包人支付合理利润，并应承担违约责任。

【例 3.5】本工程合同价款为 1771400 元，工程进度款支付比例为 70%。预付款额度为合同价款的 20%，预付款以按月支付进度款的最后三个月均摊扣回。施工单位每月完成并经工程师核准的工程量价款（各月产值核定表），见表 3-5。

各月产值核定表　　表 3-5

（单位：万元）

月份	1	2	3	4
工程量价款	35	42	51	47
甲供材料价款	0	0	6	5.32

【问题】

计算各月应支付进度款。

【分析】

本工程预付款为：177.14×20%=35.43 万元

第 1 月所付进度款为：35×70%=24.50 万元

第 2 月所付进度款为：42×70%−35.43/3=17.59 万元

第 3 月所付进度款为：51×70%−35.43/3−6=17.89 万元

第 4 月所付进度款为：47×70%−35.43/3−5.32=15.77 万元

3.3 竣工结算

竣工结算时，承包人需要根据合同价款、工程价款结算签证单以及施工过程中变更价款等资料进行最终结算。

工程竣工结算是指承包人按照合同规定内容全部完成所承包的工程，经验收合格，并符合合同要求之后，对照原设计施工图，根据增减变化内容，编制调整工程价款，作为向发包人进行的最终工程价款结算。

工程竣工结算分为单位工程竣工结算、单项工程竣工结算和建设项目竣工总结算，其中，单位工程竣工结算和单项工程竣工结算也可看作是分阶段结算。

3.3.1 竣工结算的编制

1. 竣工结算的编审要求

(1) 单位工程竣工结算由承包人编制，发包人审查；实行总承包的工程，由具体承包人编制，在总承包人审查的基础上，发包人审查。

(2) 单项工程竣工结算或建设项目竣工总结算由总（承）包人编制，发包人可直接进行审查，也可以委托具有相应资质的工程造价咨询机构进行审查。政府投资项目，由同级财政部门审查。单项工程竣工结算或建设项目竣工总结算经发承包人签字盖章后有效。

(3) 合同工程完工后，承包人应在经发承包双方确认的合同工程期中价款结算的基础上汇总编制完成竣工结算文件，并在提交竣工验收申请的同时向发包人提交竣工结算文件。

(4) 承包人应在合同约定期限内完成项目竣工编制工作，未在规定期限内完成的，并且不提供正当理由延期的，责任自负。

2. 编制依据

工程竣工结算由承包人或受其委托具有相应资质的工程造价咨询人编制，由发包人或受其委托具有相应资质的工程造价咨询人核对。工程竣工结算编制的主要依据有：

(1)《建设工程工程量清单计价规范》(GB 50500—2013)；

(2) 工程合同；

(3) 发承包双方实施过程中已确认的工程量及其结算的合同价款；

(4) 发承包双方实施过程中已确认调整后追加（减）的合同价款；

(5) 建设工程设计文件及相关资料；

(6) 招标文件、投标文件；

(7) 其他依据。

3. 计价原则

在采用工程量清单计价的方式下，工程竣工结算的编制应当遵循的计价原则如下：

(1) 分部分项工程和措施项目中的单价项目应依据双方确认的工程量与已标价工程量清单综合单价计算；发生调整的，应以发承双方确认调整的综合单价计算。

(2) 措施项目中的总价项目应依据合同约定的项目和金额计算；如发生调整的，应以发承包双方确认调整的金额计算，其中安全文明施工费必须按照国家或省级行业建设主管部门的规定计算。

(3) 其他项目应按下列规定计价：

1) 计日工应按发包人实际签证确认的事项计算；

2) 暂估价应按发承包双方按照《建设工程工程量清单计价规范》(GB 50500—2013)的规定计算；

3) 总承包服务费应依据合同约定金额计算，如发生调整的，以发承包双方确认调整的金额计算；

4) 索赔费用应依据发承包双方确认的索赔事项和金额计算；

5) 现场签证费用应依据发承包双方签证资料确认的金额计算；

6）暂列金额应减去工程价款调整（包括索赔、现场签证）金额计算，如有余额归发包人。

（4）规费和税金应按照国家或省级行业建设主管部门的规定计算，不得作为竞争性费用。规费中工程排污费应按工程所在环境保护部门规定的标准缴纳后按实列入。

此外，发承包双方在合同工程实施中已经确认的工程计量结果和合同价款，在竣工结算办理中应直接进入结算。

采用总价合同的，应在总价基础上，对合同约定能调整的内容及超过合同约定范围的风险因素进行调整；采用单价合同的，在合同约定风险范围内的综合单价应固定不变，并应按合同约定进行计量，且应按实际完成的工程量进行计量。

3.3.2　竣工结算的程序

1. 承包人提交竣工结算文件

合同工程完工后，承包人应在经发承包双方确认的合同工程期中价款结算的基础上汇总完成竣工结算文件，应在提交竣工验收申请的同时向发包人提交竣工结算文件。

承包人未在合同约定的时间内提交竣工结算文件，经发包人催告后 14 天内未提交或没有明确答复的，发包人根据有关已有资料编制竣工结算文件，作为办理竣工结算和支付结算款的依据，承包人应予以认可。

2. 发包人核对竣工结算文件

发包人可以自行核对竣工结算文件，也可以委托工程造价咨询人核对竣工结算文件。

（1）发包人自行核对竣工结算文件

1）发包人应在收到承包人提交的竣工结算文件后的 28 天内核对。发包人经核实，认为承包人还应进一步补充资料和修改结算文件，应在上述时间内向承包人提出核实意见，承包人在收到核实意见后的 28 天内应按照发包人提出的合理要求补充资料，修改竣工结算文件，并应再次提交给发包人复核。

2）发包人应在收到承包人再次提交的竣工结算文件后的 28 天内予以复核，并将复核结果通知承包人。如果发承包人对复核结果无异议的，应在 7 天内在竣工结算文件上签字确认，竣工结算办理完毕。如果发包人或承包人对复核结果认为有误的，对无异议部分办理不完全竣工结算；有异议部分由发承包双方协商解决，协商不成的，按照合同约定的争议解决方式处理。

3）发包人在收到承包人竣工结算文件后的 28 天内，不确认也未提出异议的，应视为承包人提交的竣工结算文件已被发包人认可，竣工结算办理完毕。

4）承包人在收到发包人提出的核实意见后的 28 天内，不确认也未提出异议的，应视为发包人提出的核实意见已被承包人认可，竣工结算办理完毕。

（2）发包人委托工程造价咨询人核对竣工结算文件

发包人委托工程造价咨询人核对竣工结算文件的，工程造价咨询人应在 28 天内核对完毕，核对结论与承包人竣工结算文件不一致的，应提交承包人复核；承包人应在 14 天内将同意核对结论或不同意见的说明提交给工程造价咨询人。工程造价咨询人收到承包人提出的异议后，应再次复核，复核无异议的，发承包双方应在7天内在竣工结算文件上签字确认，竣工结算办理完毕。复核后仍有异议的，对无异议部分办理不完全竣工结算；有异议部分由发承包双方协商解决，协商不成的，按照合同约定的争议解决方式处理。

承包人逾期未提出书面异议的，视为工程造价咨询人核对的竣工结算文件已经被承包人认可。

3. 竣工结算文件的签认

对发包人或发包人委托的工程造价咨询人指派的专业人员与承包人指派的专业人员经核对后无异议的竣工结算文件，除非发承包人能提出具体、详细的不同意见，发承包人都应在竣工结算文件上签名确认，如其中一方拒不签字的，按下列规定办理：

（1）若发包人拒不签字的，承包人可不提供竣工验收备案资料，并有权拒绝与发包人或其上级部门委托的工程造价咨询人重新核对竣工结算文件。

（2）若承包人拒不签字的，发包人要求办理竣工验收备案的，承包人不得拒绝提供竣工验收资料，否则，由此造成的损失，承包人应承担相应责任。

合同工程竣工结算核对完成，发承包双方签字确认后，发包人不得要求承包人与另一个或多个工程造价咨询人重复核对竣工结算。

4. 竣工结算款支付

（1）提交竣工结算支付申请

承包人根据办理的竣工结算文件提交竣工结算支付申请。申请内容如下：

1）竣工结算合同价款总额；

2）累计已实际支付的合同价款；

3）应预留的质量保证金；

4）实际应支付的竣工结算款金额。

（2）签发竣工结算支付证书

发包人应在收到承包人提交竣工结算款支付申请后的7天内予以核实，向承包人签发竣工结算支付证书。

《建筑工程工程量清单计价规范》（GB 50500—2013）给出了“竣工结算款支付申请（核准）表”规范格式，见表3-6。发包人在该表上选择同意支付并盖章，该表即变为竣工结算款的支付证书。

（3）支付竣工结算款

发包人签发竣工结算支付证书后的14天内，按照竣工结算支付证书列明的金额向承包人支付结算款。

3.3.3　质量保证金

质量保证金是发包人与承包人在建设工程承包合同中约定，从应付的工程款中预留，用以保证承包人在缺陷责任期内对建设工程出现的缺陷进行维修的资金。采用工程质量保证担保、工程质量保险等其他保证方式的，发包人不得再预留保证金。

（1）承包人提供质量保证金的方式

承包人提供质量保证金有以下三种方式：

竣工结算款支付申请（核准）表　　　　表 3-6

工程名称：　　　　　　　　　　　　　　标段：　　　　　　　　　　　　编号：

致：____________________（发包人全称）____________________

我方于________至________期间已完成合同约定的工作，工程已经完工，根据施工合同的约定，现申请支付竣工结算合同款额为(大写)____________(小写____________)，请予核准。

序号	名称	申请金额(元)	复核金额(元)	备注
1	竣工结算合同价款总额			
2	累计已实际支付的合同价款			
3	应预留的质量保证金			
4	应支付的竣工结算款金额			

承包人(章)

造价人员____________　　承包人代表____________　　日　期____________

复核意见：

□与实际施工情况不相符，修改意见见附件

□与实际施工情况相符，具体金额由造价工程师复核。

监理工程师____________

日期____________

复核意见：

你方提出的竣工结算款支付申请经复核，竣工结算款总额为(大写)____________(小写____________)，扣除前期支付以及质量保证金后应支付金额为(大写)____________(小写____________)。

造价工程师____________

日期____________

审核意见：

□不同意。

□同意，支付时间为本表签发后的 15 天内。

发包人(章)

发包人代表____________

日期____________

注：1. 在选择栏中的“□”内作标识“√”；

2. 本表一式四份，由承包人填报，发包人、监理人、造价咨询人、承包人各存一份。

1）质量保证金保函；

2）相应比例的工程款；

3）双方约定的其他方式。

除专有合同条款另有约定外，质量保证金原则上采取第 1）种方式。工程实际中更多采取第 2）种方式，发包人按照合同约定的质量保证金比例从工程结算中预留质量保证金。

(2) 质量保证金的扣留

质量保证金的扣留有以下三种方式：

1) 在支付工程进度款时逐次扣留，在此情形下，质量保证金的计算基数不包括预付款的支付、扣回以及价格调整的金额；

2) 工程竣工结算时一次性扣留质量保证金；

3) 双方约定的其他扣留方式。

除专用合同条款另有约定外，质量保证金的扣留原则上采用上述第 1) 种方式。工程实际中一般采取第 2) 种方式，即在工程竣工结算时一次性扣留质量保证金。如承包人在发包人签发竣工结算支付证书后 28 天内提交质量保证金保函，发包人应同时退还扣留的作为质量保证金的工程价款。

住房和城乡建设部、财政部发布的《建设工程质量保证金管理办法》(建质〔2017〕138 号) 第七条规定："发包人应按照合同约定方式预留保证金，保证金总预留比例不得高于工程价款结算总额的 3%。合同约定由承包人以银行保函替代预留保证金的，保函金额不得高于工程价款结算总额的 3%。"

3.3.4 质量争议工程的竣工结算

发包人对工程质量有异议，拒绝办理工程竣工结算的，根据具体情况，有以下两种处理办法：

(1) 已竣工验收或已竣工未验收但实际投入使用的工程，其质量争议按该工程保修合同执行，竣工结算按合同约定办理；

(2) 已竣工未验收且未实际投入使用的工程以及停工、停建工程的质量争议，双方应就有争议的部分委托有资质的检测鉴定机构进行检测，根据检测结果确定解决方案，或按工程质量监督机构的处理决定执行后办理竣工结算，无争议部分的竣工结算按合同约定办理。

【例 3.6】某工程项目，甲、乙双方签订关于工程价款合同内容有：

(1) 建筑安装工程造价 600 万元，合同工期 5 个月，开工日期为当年 5 月 1 日；

(2) 预付备料款为建筑安装工程造价的 20%，从第三个月起平均扣回；

(3) 工程进度款逐月计算，进度款支付比例为 80%；

(4) 工程质量保证金为建筑安装工程造价的 3%，从第一个月开始按各月实际完成产值的 6%扣留，扣完为止。某工程实际完成产值，见表 3-7。

某工程实际完成产值（单位：万元）　　表 3-7

月份	5	6	7	8	9
实际完成产值	50	100	150	200	100

【问题】

(1) 该工程预付备料款为多少？

（2）预付款从第三个月起各月平均扣回金额为多少？
（3）该工程质量保证金为多少？
（4）每月应支付的进度款为多少？
（5）竣工结算时应支付的合同价款为多少？

【分析】

（1）工程预付备料款：600×20%=120万元
（2）预付款从第三个月平均扣回金额：120÷3=40万元
（3）质量保证金：600×3%=18万元
（4）5月份实际应支付进度款：50×80%－50×6%=37万元
6月份实际应支付进度款：100×80%－100×6%=74万元
7月份实际应支付进度款：150×80%－150×6%－40=71万元
5～7月累计扣留质量保证金：50×6%+100×6%+150×6%=18万元
8月份实际应支付进度款：200×80%－40=120万元
9月份实际应支付进度款：100×80%－40=40万元
（5）竣工结算时应支付的合同价款：600×（1－80%－3%）=102万元

3.4 最终结清

3.4.1 最终结清的时间

所谓最终结清，是指合同约定的缺陷责任期终止后，承包人已按合同规定完成全部剩余工作且质量合格的，发包人与承包人结清全部剩余款项的活动。

缺陷责任期从工程通过竣工验收之日起计。由于承包人原因导致工程无法按规定期限进行竣工验收的，缺陷责任期从实际通过竣工验收之日起计。由于发包人原因导致工程无法按规定期限进行竣工验收的，在承包人提交竣工验收报告90天后，工程自动进入缺陷责任期。

住房和城乡建设部、财政部发布的《建设工程质量保证金管理办法》（建质〔2017〕138号）第二条规定："缺陷是指建设工程质量不符合工程建设强制性标准、设计文件，以及承包合同的约定。缺陷责任期一般为1年，最长不超过2年，由发承包双方在合同中约定。"具体期限由合同当事人在专用合同条款中约定。

建设工程的保修期自竣工验收合格之日起计算；发包人未经竣工验收擅自使用工程的，保修期自转移占有之日起开始计算。国务院发布的《建设工程质量管理条例》第四十和四十一条规定，在正常使用条件下，建设工程的最低保修期限为：

（1）基础设施工程、房屋建筑地基基础工程和主体结构工程，为设计文件规定的该工程的合理使用年限；

（2）屋面防水工程，有防水要求的卫生间、房间和外墙面的防渗漏，为 5 年；

（3）供热与供冷系统，为 2 个供暖期、供冷期；

（4）电气管线、给水排水管道、设备安装和装修工程，为 2 年；

（5）其他项目的保修期限由发包方与承包方约定。

建设工程在保修范围和保修期限内发生质量问题的，施工单位应当履行保修义务，并对造成的损失承担赔偿责任。

3.4.2 最终结清的计算

动画：缺陷责任期内工程责任的处理

最终应支付的合同价款＝预留的质量保证金＋因发包人原因造成缺陷的修复金额－承包人不修复缺陷、发包人组织的金额

承包人认真履行合同约定的责任，到期后，承包人向发包人申请返还保证金。发包人原因造成缺陷的修复金额是指工程缺陷属于发包人原因造成的，受发包人安排，缺陷责任期内，承包人予以修复，该部分由发包人承担，可以在最终清算时一并结算。承包人不修复缺陷、发包人组织的金额是指应由承包人承担的修复责任，经发包人书面催告仍未修复的，由发包人自行修复或委托第三方修复所发生的费用。

缺陷责任期内，由承包人原因造成的缺陷，承包人应负责维修，并承担鉴定及维修费用。如承包人不维修也不承担费用，发包人可按合同约定从保证金或银行保函中扣除，费用超出保证金额的，发包人可按合同约定向承包人进行索赔。承包人维修并承担相应费用后，不免除对工程的损失赔偿责任。

由他人原因造成的缺陷，发包人负责组织维修，承包人不承担费用，且发包人不得从保证金中扣除费用。

3.4.3 最终结清的程序

1. 承包人提交最终清算申请

缺陷责任期终止后，承包人应按照合同约定的份数和期限向发包人提交最终清算支付申请，并提供相应证明材料，详细说明承包人根据合同约定已经完成的全部工程价款金额，以及承包人认为根据合同规定应进一步支付的其他款项。发包人对最终结清支付申请有异议的，有权要求承包人进行修正和提供补充资料。承包人修正后，应再次向发包人提交修正后的最终结清支付申请。

《建筑工程工程量清单计价规范》（GB 50500—2013）给出了“最终结清支付申请（核准）表”的规范格式，见表 3-8。

2. 发包人签发最终支付证书

发包人应在收到最终结清支付申请后的 14 天内予以核实，并向承包人签发最终结清支付证书。发包人在“最终结清支付申请（核准）表”上选择同意支付并盖章，该表即变为最终支付证书。发包人未在约定时间内核实，又未提出具体意见的，视为承包人提交的最终结清申请单已被发包人认可。

最终结清支付申请（核准）表

表 3-8

工程名称： 标段： 编号：

致：______________________________（发包人全称）

我方于________至________期间已完成了缺陷修复工作，根据施工合同的约定，现申请支付最终结清合同款额为（大写）____________（小写____________），请予核准。

序号	名称	申请金额(元)	复核金额(元)	备注
1	已预留的质量保证金			
2	应增加因发包人原因造成缺陷的修复金额			
3	应扣减承包人不修复缺陷、发包人组织修复的金额			
4	最终应支付的合同价款			

上述 3、4 详见附件清单。

承包人(章)

造价人员____________ 承包人代表____________ 日 期____________

复核意见

□与实际施工情况不相符，修改意见见附件。

□与实际施工情况相符，具体金额由造价工程师复核。

监理工程师____________

日 期____________

复核意见：

你方提出的支付申请经复核，最终应支付金额为（大写）____________（小写____________）。

造价工程师____________

日 期____________

审核意见：

□不同意。

□同意，支付时间为本表签发后的 15 天内。

发包人(章)

发包人代表____________

日 期____________

注：1. 在选择栏中的“□”内作标识“√”。如监理人已退场，监理工程每栏可空缺。

2. 本表一式四份，由承包人填报，发包人、监理人、造价咨询人、承包人各存一份。

3. 发包人向承包人支付最终工程价款

发包人应在签发最终结清支付证书后的14天内，按照最终结清支付证书列明的金额向承包人支付最终结清款。发包人未按期支付的，承包人可催告发包人在合理的期限内支付，并有权获得延迟支付的利息。

最终结清时，如果承包人被扣留的质量保证金不足以抵扣发包人工程缺陷修复费用的，承包人应承担不足部分的补偿责任。

最终结清付款涉及政府投资资金的，按照国库集中支付制度等国家相关规定和专用合同条款的约定处理。承包人对发包人支付的最终结清有异议的，按照合同约定的支付方式处理。

【例3.7】 某工程项目，甲、乙双方签订关于工程价款合同内容有：

工程结算程序【例3.7】第一问

（1）建筑安装工程造价600万元，建筑材料及设备费占施工产值的比重为60%，暂列金额为30万元；

（2）工程预付款为签约合同价（扣除暂列金额）的20%。工程实施后，工程预付款从未施工工程尚需的主要材料及构件的价值等于工程预付款数额时起扣，从每次结算工程价款中按材料和设备占施工产值的比重抵扣工程预付款，竣工前全部扣清。

工程结算程序【例3.7】第二问

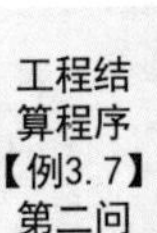

（3）工程进度款逐月计算，按各期合计完成的合同价款的80%支付，确认的签证、索赔等进入各期的进度款结算，竣工验收后20日办理竣工结算，竣工结算后支付到合同价款的97%。

工程结算程序【例3.7】第三问

（4）工程保修金为工程结算价款的3%，竣工结算时一次扣留。

（5）材料和设备价差调整按规定执行（按有关规定上半年材料和设备价差上调10%，在6月份一次调增）。工程实际完成产值，见表3-9。

工程实际完成产值（单位：万元）　　表3-9

月份	2	3	4	5	6
实际完成产值	50	100	150	200	100

（6）实施过程中的相关情况如下：

1）4月份除由于发包人设计变更，导致费用增加1.5万元，费用已经通过签证得到了发包人的确认。

2）5月份因为承包人原因导致返工，增加了0.5万元的费用支出，承包人办理签证未得到监理单位及发包人认可。

3）6月份除承包人得到发包人确认的工程索赔款1万元。

4）该工程在质量缺陷期发生外墙漏水，发包人多次催促承包人修理，承包人一拖再拖，最后发包人另请施工单位修理，修理费1万元。

【问题】

（1）该工程的工程预付款、起扣点分别为多少？应该从哪个月开始扣？

（2）计算2～6月每月累计已完成的合同价款，累计已实际支付的合同价款，每月实际应支付的合同价款。

（3）该工程结算造价为多少？质量保证金为多少？应付工程结算款为多少？

（4）维修费该如何处理？最终清算款是多少？

【分析】

（1）工程预付款：(600－30)×20％＝114 万元

起扣点：600－114/0.6＝410 万元

50＋100＋150＋200＝500 万元＞410 万元，从 5 月份开始扣预付款。

（2）2～6 月每月累计已完成的合同价款，累计已实际支付的合同价款，2～6 月进度款支付表，见表 3-10。

2～6 月进度款支付表（单位：万元）　　表 3-10

月份	2	3	4	5	6
累计已完成的合同价款		50	150	301.5	501.5
累计已实际支付的合同价款		40	120	241.2	346.3
本周期合计完成的合同价款	50	100	151.5	200	137
其中：本周期已完成合同价款	50	100	150	200	100
本周期应增加的金额			1.5		37
本周期合计应扣减的金额				54.9	59.1
其中：本周期应扣回的预付款				54.9	59.1
本周期应扣减的金额					
本周期实际应支付的合同价款	40	80	121.2	105.1	50.5

2 月份应支付的进度款＝50×80％＝40 万元

3 月份应支付的进度款＝100×80％＝80 万元

4 月份应支付的进度款＝(150＋1.5)×80％＝121.2 万元

5 月份应支付的进度款＝200×80％－54.9＝105.1 万元

预付款扣回额度＝(50＋100＋151.5＋200－410)×60％＝54.9 万元

6 月份应支付的进度款＝(100＋37)×80％－59.1＝50.5 万元

应增加的金额＝36＋1＝37 万元

其中，应增加材料调整金额＝600×60％×10％＝36 万元

应增加的索赔金额＝1 万元

预付款扣回额度＝114－54.9＝59.1 万元

（3）工程结算总造价＝501.5(累计已完的合同价款)＋137(最后一期合计完成的合同价款)＝638.5 万元

质量保证金＝638.5×3％＝19.16 万元

应付工程结算款＝638.5(实际总造价)－(501.5＋137)×80％(累计已付工程款)－19.16(保修金)＝108.54 万元

（4）维修费应从乙方（承包方）的保修金中扣除。

最终清算款＝19.16－1＝18.16万元

【例3.8】 以某高校2号食堂项目为例，按照施工合同要求，工程结算的计算和支付如下：

1. 预付款的计算

（1）专用合同条款中有关预付款的项目

12.2　预付款

12.2.1　预付款的支付

预付款支付比例或金额：合同签约价款（扣除暂列金额）的10%。

预付款支付期限：合同签订的后7个工作日内。

预付款扣回的方式：主体工程结束前分5次平均扣回。

12.2.2　预付款担保

承包人提交预付款担保的期限：时间与工期相同。

预付款担保的形式为：见索即付保函。

根据施工合同规定

1. 签约合同价为：

人民币（大写）叁仟伍佰伍拾玖万叁仟叁佰伍拾伍元肆角陆分（¥35593355.46元）；

其中：

（1）安全文明施工费：

人民币（大写）伍拾玖万捌仟零壹拾伍元肆角捌分（¥598015.48元）；

（2）材料和工程设备暂估价金额：

人民币（大写）叁佰玖拾柒万捌仟壹佰肆拾元叁角贰分（¥3978140.32元）；

（3）专业工程暂估价金额：

人民币（大写）柒拾贰万元整（¥720000.00元）；

（4）暂列金额：

人民币（大写）贰佰陆拾万元整（¥2600000.00元）。

2. 合同价格形式：单价合同。

6.1.6　关于安全文明施工费支付比例和支付期限的约定：执行通用条款。

（2）通用合同条款中有关预付款的约定

12.2　预付款

12.2.1　预付款的支付

预付款的支付按照专用合同条款约定执行，但至迟应在开工通知载明的开工日期7天前支付。预付款应当用于材料、工程设备、施工设备的采购及修建临时工程、组织施工队伍进场等。

除专用合同条款另有约定外，预付款在进度付款中同比例扣回。在颁发工程接收证书前，提前解除合同的，尚未扣完的预付款应与合同价款一并结算。

发包人逾期支付预付款超过 7 天的，承包人有权向发包人发出要求预付的催告通知，发包人收到通知后 7 天内仍未支付的，承包人有权暂停施工，并按第 16.1.1 项（发包人违约的情形）执行。

12.2.2　预付款担保

发包人要求承包人提供预付款担保的，承包人应在发包人支付预付款 7 天前提供预付款担保，专用合同条款另有约定除外。预付款担保可采用银行保函、担保公司担保等形式，具体由合同当事人在专用合同条款中约定。在预付款完全扣回之前，承包人应保证预付款担保持续有效。

发包人在工程款中逐期扣回预付款后，预付款担保额度应相应减少，但剩余的预付款担保金额不得低于未被扣回的预付款金额。

6.1.6　安全文明施工费

安全文明施工费由发包人承担，发包人不得以任何形式扣减该部分费用。因基准日期后合同所适用的法律或政府有关规定发生变化，增加的安全文明施工费由发包人承担。

承包人经发包人同意采取合同约定以外的安全措施所产生的费用，由发包人承担。未经发包人同意的，如果该措施避免了发包人的损失，则发包人在避免损失的额度内承担该措施费。如果该措施避免了承包人的损失，由承包人承担该措施费。

除专用合同条款另有约定外，发包人应在开工后 28 天内预付安全文明施工费总额的 60％，其余部分与进度款同期支付。发包人逾期支付安全文明施工费超过 7 天的，承包人有权向发包人发出要求预付的催告通知，发包人收到通知后 7 天内仍未支付的，承包人有权暂停施工，并按第 16.1.1 项（发包人违约的情形）执行。

（3）有关预付款的计算

1）合同约定预付款支付的额度为：

(35593355.46－2600000)×10％＝3299335.55 元。

2）预付款的扣回：3299335.55÷5＝659867.11 元。

3）安全文明施工费的支付情况：598015.48×60％＝358809.29 元。

预付款的支付：

（1）承包人按照合同约定在指定银行办理了预付款的保函。

根据合同条款附 9，具体保函如下：

预付款担保

××××××学院（发包人名称）：

根据××××××公司（承包人名称）（以下称“承包人”）与××××××学院（发包人名称）（以下简称“发包人”）于20××年4月15日签订的××××××学院二期工程2号食堂项目（工程名称）《建设工程施工合同》，承包人按约定的金额向你方提交一份预付款担保，即有权得到你方支付相等金额的预付款。我方愿意就你方提供给承包人的预付款为承包人提供连带责任担保。

1. 担保金额人民币（大写）叁佰陆拾伍万捌仟壹佰肆拾肆元捌角肆分（¥3658144.84元）。

2. 担保有效期自预付款支付给承包人起生效，至你方签发的进度款支付证书说明已完全扣清止。

3. 在本保函有效期内，因承包人违反合同约定的义务而要求收回预付款时，我方在收到你方的书面通知后，在7天内无条件支付。但本保函的担保金额，在任何时候不应超过预付款金额减去你方按合同约定在向承包人签发的进度款支付证书中扣除的金额。

4. 你方和承包人按合同约定变更合同时，我方承担本保函规定的义务不变。

5. 因本保函发生的纠纷，可由双方协商解决，协商不成的，任何一方均可提请××××××仲裁委员会仲裁。

6. 本保函自我方法定代表人（或其授权代理人）签字并加盖公章之日起生效。

担 保 人：××××××银行（盖单位章）

法定代表人或其委托代理人：×××（签字）

地　　址：××××××××××××××

邮政编码：××××××

电　　话：×××××××××××××

传　　真：×××××××××××××

20××年4月15日

（2）承包人现场造价员×××（经承包人代表项目经理×××签字同意）在签订合同后7日内（20××年4月16日）向发包人（监理人）提出预付款支付申请（核准）表。

（3）20××年4月16日，监理人按照合同审定预付款事项，符合合同约定支付预付款事项，被授权的监理工程师×××在申请书上签字并转交发包人授权的造价工程师×××审核金额。

（4）20××年4月17日，造价工程师×××审核过程中，发现发包人计算的预付款有误，申请金额没有按照合同约定计算，复核预付款为（35593355.46－2600000）×10%＝3299335.55元，复核前签署了正确金额并签字，交发包人代表×××审核。

(5) 20××年4月18日，发包人代表×××审核申请表，确认无误后，签署同意支付的意见（表3-11）。

预付款支付申请（核准）表　　表3-11

工程名称：×××××学院二期工程2号食堂　　标段：　　编号：

致×××××学院：

我方根据施工合同的约定，现申请支付工程预付款金额（大写）叁佰玖拾壹万捌仟壹佰肆拾肆元捌角肆分（小写3918144.84元），请予核准。

序号	名称	申请金额(元)	校核金额(元)	备注
1	已签约合同价款金额	35593355.46	35593355.46	
2	其中：安全文明施工费	598015.48	598015.48	
3	应支付预付款	3559335.55	3299335.55	
4	应支付的安全文明施工费	358809.29	358809.29	
5	合计应支付的预付款	3918144.84	3658144.84	

承包人：（章）

编制人员：×××　　承包人代表：×××　　日期20××年4月16日

复核意见：

□与合同约定不相符，修改意见见附件；

☑与合同约定相符，具体金额由造价工程师复核。

监理工程师：×××

日期：20××年4月17日

复核意见：

你方提出的支付申请经复核，应支付预付款金额为叁佰陆拾伍万捌仟壹佰肆拾肆元捌角肆分（小写3658144.84元）。

一级造价工程师：×××

日期：20××年4月17日

审核意见：

□不同意

☑同意，支付时间为本表签发后的15日内。

发包人（章）

发包人代表：×××

日期：20××年4月18日

(6) 20××年4月19日，发包人财务人员按照审核确认的金额通过银行将预付款划拨3658144.84元到承包人指定的账户。

进度款的有关规定

(1) 专用合同条款中有关进度款的规定

12.4　工程进度款支付

12.4.1　付款周期

关于付款周期的约定：

1. 施工合同签订，施工单位进场一周内，支付合同价款的10%；

2. 地下室筏板施工完毕，经验收合格双方核准后，拨付乙方已完工程造价的80%；

3. 结构施工完成±0.000时，经验收合格双方核准后，拨付乙方已完工程造价的80%；

4. 施工完成一层时，经验收合格双方核准后，拨付乙方已完工程造价的80%；

5. 施工完成二层时，经验收合格双方核准后，拨付乙方已完工程造价的80%；

6. 施工完成三层时，经验收合格双方核准后，拨付乙方已完工程造价的80%；

7. 二次结构及内外粉刷完成后支付已完工程造价的80%；

8. 工程竣工验收合格后，拨付乙方到合同价的85%；

9. 完成竣工结算；乙方配合建设单位完成竣工备案，提交质监站备案出具报告后，拨付乙方到竣工计算价的97%；

10. 剩余的3%质保金。待质保期满后无息拨付。

12.4.2 进度付款申请单的编制（略）

12.4.3 进度付款申请单的提交（略）

12.4.4 进度款审核和支付

1. 监理人审查并报送发包人的期限：执行通用条款。

发包人完成审批并签发进度款支付证书的期限：执行通用条款。

2. 发包人支付进度款的期限：执行通用条款。

发包人逾期支付进度款的违约金的计算方式：____/____。

每次付款时，发包人有权要求提前缴纳或者结清承包人现场发生的水电费、其他应扣款项（违约金、损失赔偿金等）。

每次付款前，承包人需提供合规合法的全额发票。若承包人不能提供，发包人有权拒绝付款，由此产生的后果由承包人承担。

（2）通用合同条款中有关进度款的规定

12.4.4 进度款审核和支付

1. 除专用合同条款另有约定外，监理人应在收到承包人进度付款申请单以及相关资料后7天内完成审查并报送发包人，发包人应在收到后7天内完成审批并签发进度款支付证书。发包人逾期未完成审批且未提出异议的，视为已签发进度款支付证书。

发包人和监理人对承包人的进度付款申请单有异议的，有权要求承包人修正和提供补充资料，承包人应提交修正后的进度付款申请单。监理人应在收到承包人修正后的进度付款申请单及相关资料后7天内完成审查并报送发包人，发包人应在收到监理人报送的进度付款申请单及相关资料后7天内，向承包人签发无异议部分的临时进度款支付证书。存在争议的部分，按照第20条“争议解决”的约定处理。

2. 除专用合同条款另有约定外，发包人应在进度款支付证书或临时进度款支付证书签发后 14 天内完成支付，发包人逾期支付进度款的，应按照中国人民银行发布的同期同类贷款基准利率支付违约金。

3. 发包人签发进度款支付证书或临时进度款支付证书，不表明发包人已同意、批准或接受了承包人完成的相应部分的工作。

2. 进度款的支付程序

（1）20××年 5 月 22 日，已完成本工程地下室筏板施工内容，并验收合格。

（2）20××年 5 月 24 日，承包人造价员×××按合同约定时间向发包人发出“工程量计量申请（核准）表”，对本阶段完成的工程量提出确认申请。

（3）20××年 5 月 27 日，发包人收到后复核，经双方沟通后，达成一致意见。记录以上内容见工程量计量申请（核准）表（表 3-12）。

工程量计量申请（核准）表　　表 3-12

工程名称：　　标段：　　第 1 页　共 1 页

序号	项目编码	项目名称	计量单位	承包人申报数量	发包人核实数量	发包人确认数量	备注
1	010101001001	平整场地	m^2	3479.53	3479.53	3479.53	
2	010101002001	挖一般土方	m^3	19962.47	19900.00	19900.00	
3	10101004001	挖基坑土方	m^3	388.24	380.00	380.00	
4	011101003001	细石混凝土楼地面（地下室底板）	m^2	4217.79	4217.00	4217.00	
5	010904001001	楼（地）面卷材防水层（地下室底板）	m^2	4435.70	4435.70	4435.70	
6	010501001001	垫层	m^3	380.40	370.00	378.00	
7	010501004001	满堂基础	m^3	1854.36	1854.00	1854.00	
8	10515001010	现浇构件钢筋	t	8.428	8.200	8.200	
	…	…	…	…	…	…	
承包人代表： ××× 日期：20××年 5 月 24 日		监理工程师： ××× 日期：20××年 5 月 27 日		一级注册造价师： ××× 日期：20××年 5 月 27 日		发包人代表： ××× 日期：20××年 5 月 27 日	

（4）承包人造价员×××根据确认的工程量，按照已标价清单的综合单价计算，本周期已完成单价项目金额为 4926140.04 元。

（5）为了改善食堂周围的环境，本期间指令承包人新增 5 座花池，施工方对此进行的现场签证表，见表 3-13。

现场签证表 表 3-13

工程名称：×××××学院二期工程 2 号食堂 标段： 第 1 页 共 1 页

<table>
<tr><td>施工部位</td><td>学院指定位置</td><td>日期</td><td>20××年 5 月 12 日</td></tr>
<tr><td colspan="4">致：×××××学院
根据甲方代表×××20××年 5 月 10 书面通知，新增 5 座花池修建工作。我方要求完成此项工作应支付价款金额为(大写)柒仟伍佰元(小写 7500 元)，请予批准。
附：1. 签证事由及原因：为了改善学院环境，学院新增 5 座花池。
2. 附图及计算式(略)。
承包人：(章)
承包人代表：×××
日期：20××年 5 月 12 日</td></tr>
<tr><td colspan="2">复核意见：
你方提出的此项签证申请经复核：
□不同意此项签证，具体意见见附件。
☑同意此项签证，签证金额的计算由造价工程师复核。
监理工程师：×××
日期：20××年 5 月 12 日</td><td colspan="2">复核意见：
☑此项签证按承包人中标的计日工单价计算，金额为(大写)柒仟伍佰元(小写 7500 元)。
□此项签证无计日工单价，金额为(大写)________(小写________)。
造价工程师：×××
日期：20××年 5 月 12 日</td></tr>
<tr><td colspan="4">审核意见：
□不同意此项签证。
☑同意此项签证，价款与本期进度款同期支付。
发包人(章)
发包人代表：×××
日期：20××年 5 月 12 日</td></tr>
</table>

(6) 20××年 5 月 27 日，承包人现场造价工程师×××经项目经理×××签字同意向监理提出进度款支付申请（核准）表。

(7) 20××年 5 月 27 日，监理按照合同约定审核进度款事项，符合合同约定支付进度款事项，监理工程师×××在申请上签字并转交发包人授权的造价工程师×××审核金额。记录以上内容见进度款支付申请（核准）表（表 3-14）。

(8) 20××年 5 月 28 日，×××在审核过程中发现发包人计算的单价项目的金额有误，原因是项目工程量超过已标价工程量清单的 15%，按照合同约定应调减综合单价，申请表未予调整，经双方沟通，按照合同约定调整了该项综合单价，复核后金额为 4924000 元。交发包人授权的发包人代表×××审核。

(9) 20××年 5 月 29 日，×××审核申请表，确认无误后，签署同意支付的意见。

(10) 20××年 5 月 30 日，发包人财务人员按照审核确认的金额将进度款划拨到承包人指定账户。

进度款支付申请（核准）表　　　　表 3-14

工程名称：××××学院二期工程 2 号食堂　　　　标段：　　　　编号：

致××××学院

我方于 20××年 4 月 24 日至 20××年 5 月 20 日期间已完成了本工程地下室筏板施工工作，根据施工该合同的约定，现申请支付本周期的合同价款为（大写）　叁佰贰拾捌万伍仟叁佰叁拾贰元捌角玖分（小写 3285332.89 元），请予核准。

序号	名称	申请金额(元)	校核金额(元)	备注
1	已完成的工程价款	4933640.04	4931500	
1.1	已完成的合同内金额	4926140.04	4924000	
1.2	应增加和扣减的变更金额	7500	7500	
1.3	应增加和扣减的索赔金额			
1.4	应增加和扣减的其他合同价格调整金额			
2	应扣减的返还预付款	659867.11	659867.11	
3	应扣减的质量保证金			
4	应增加和扣减的其他金额			
5	应支付的金额	3287044.922	3285332.89	

承包人：（章）

造价人员　×××　　承包人代表　×××　　日期 20××年 5 月 21 日

复核意见：

□与实际施工情况不相符，修改意见见附件。

☑与实际施工情况相符，具体金额由造价工程师复核。

监理工程师：×××

日期：20××年 5 月 27 日

复核意见：

你方提出的支付申请经复核，本期间已完成合同款额为（大写）肆佰玖拾叁万壹仟伍佰元（小写 4931500 元）。

一级注册造价工程师：×××

日期：20××年 5 月 27 日

审核意见：

□不同意

☑同意，支付时间为本表签发后的 15 日内。

发包人（章）略

发包人代表：×××

日期：20××年 5 月 27 日

注：1. 在选择栏中的"□"内作标识"√"。

2. 本表一式四份，由承包人填报，发包人、监理人、造价咨询人、承包人各存一份。

3. 竣工结算合同中有关的相关规定

（1）专用合同条款中有关竣工结算的约定：

10.4.1　变更估价原则

关于变更估价的约定：

1. 已标价工程量清单中有适用于变更工程项目的，应采用该项目的单价；但当工程变更导致该清单项目的工程数量发生变化，分部分项工程清单工程量增加或减少幅度在15%（含15%）以内，单价不予调整；减少幅度超出15%的，按投标人清单报价中的综合单价的103%计算调整；增加幅度超出15%，结算时，超出15%的部分单价，按投标人清单报价中的综合单价的97%计算。

2. 已标价工程量清单中没有适用但有类似于变更项目的，按照承包人报价浮动率提出变更工程项目的单价；其中承包人报价浮动率＝(1－中标价/招标控制价)×100%（签订施工合同时明确）。

3. 已标价工程量清单中没有适用也没有类似于变更项目的，由承包人根据变更工程资料、计量规则和计价办法、施工当期郑州市工程造价管理机构发布的建设工程材料基准价格信息和承包人报价浮动率提出变更工程项目的单价，并报发包人和造价咨询人共同审核确认后进行调整；其中承包人报价浮动率＝(1－中标价/招标控制价)×100%。

10.7　暂估价材料设备、分项工程施工与计价

10.7.1　依法必须进行项目招标的暂估价项目

对于依法必须进行项目招标的暂估价项目，采取以下第__1__种方式确定。

第1种方式：对于依法必须招标的暂估价工程、服务、材料和设备，对该暂估价项目的厂家、品牌、价格、服务进行确认和批准的按照以流程下约定执行：

1. 承包人应当根据施工进度计划，提前28天上报需求计划，发包人应当在收到计划后14天组织建设、监理及施工单位共同进行暂估价项目的项目考察、评比、确认工作。

2. 发包人有权确定暂估价项目的招标控制价并按照法律规定参加评标（评比）。暂估价项目的价格、品牌、服务等经项目招标均确认后，由监理人进行汇总并经建设单位、监理单位、承包人相关负责人确认后存档、备案；经确认的暂估价材料直接计入本工程结算造价。

3. 承包人与供应商、分包人在签订暂估价合同前，应当提前7天将确定的中标候选供应商或中标候选分包人的资料报送发包人，发包人应在收到资料后3天内与承包人共同确定中标人；未经承包人、建设单位书面认可的供应商，其服务将不被认可。承包人应当在签订合同后7天内，将暂估价合同副本报送发包人留存。

第2种方式：对于依法必须招标的暂估价项目，由发包人和承包人共同招标确定暂估价供应商或分包人的，承包人应按照施工进度计划，在招标工作启动前14天通知发包人，并提交暂估价招标方案和工作分工。发包人应在收到后7天内确认。确定中标人后，由承包人与中标人共同签订暂估价合同，发包人对暂估价项目的履行情况进行监督并随时抽查。

10.7.2　不属于依法必须招标的暂估价项目

对于不属于依法必须招标的暂估价项目，采取以下第__2__种方式确定：

第1种方式：对于不属于依法必须招标的暂估价项目，按本项约定确认和批准：（略）

第2种方式：承包人按照第10.7.1项（依法必须招标的暂估价项目）约定的第1种方式确定暂估价项目。

第3种方式：承包人直接实施的暂估价项目。

承包人具备实施暂估价项目的资格和条件的，经发包人和承包人协商一致后，可由承包人自行实施暂估价项目，合同当事人可以在专用合同条款约定具体事项。

10.8　暂列金额

合同当事人关于暂列金额使用的约定：执行通用条款，同时须取得发包人的书面同意，未经发包人书面同意承包人不得使用暂列金。

11. 价格调整

11.1　市场价格波动引起的调整

市场价格波动是否调整合同价格的约定：＿是＿。

因市场价格波动调整合同价格，采用以下第＿2＿种方式对合同价格进行调整：

第1种方式：采用价格指数进行价格调整。

关于各可调因子、定值和变值权重以及基本价格指数及其来源的约定：＿/＿；

第2种方式：采用造价信息进行价格调整。

关于基准价格的约定：投标当期政府部门公布的信息价（××××年第二季度）。

专用合同条款：

① 承包人在已标价工程量清单或预算书中载明的材料单价低于基准价格的：专用合同条款合同履行期间材料单价涨幅以基准价格为基础超过＿5＿%时，或材料单价跌幅以已标价工程量清单或预算书中载明材料单价为基础超过＿5＿%时，其超过部分据实调整。

② 承包人在已标价工程量清单或预算书中载明的材料单价高于基准价格的：专用合同条款合同履行期间材料单价跌幅以基准价格为基础超过＿5＿%时，材料单价涨幅以已标价工程量清单或预算书中载明材料单价为基础超过＿5＿%时，其超过部分据实调整。

③ 承包人在已标价工程量清单或预算书中载明的材料单价等于基准价格的：专用合同条款合同履行期间材料单价涨跌幅以基准单价为基础超过±＿5＿%时，其超过部分据实调整。

④ 当招标工程量清单中的主要材料价跌幅超过5%时，发包人即使未出具调价文件，仍不免除承包人关于材料单价调整的权利；当期材料涨幅超过5%时，承包人仍未提交相关调价文件，超过该分项工程施工14天外，视为放弃调价。

第3种方式：其他价格调整方式：＿/＿。

14. 竣工结算

14.1　竣工结算申请

承包人提交竣工结算申请单的期限：＿执行通用条款＿。

竣工结算申请单应包括的内容：<u>执行通用条款</u>。

14.2 竣工结算审核

发包人审批竣工付款申请单的期限：<u>执行通用条款</u>。

发包人完成竣工付款的期限：<u>执行通用条款</u>。

关于竣工付款证书异议部分复核的方式和程序：<u>执行通用条款</u>。

（2）通用合同条款中有关竣工结算的约定：

14. 竣工结算

14.1 竣工结算申请

除专用合同条款另有约定外，承包人应在工程竣工验收合格后 28 天内向发包人和监理人提交竣工结算申请单，并提交完整的结算资料，有关竣工结算申请单的资料清单和份数等要求由合同当事人在专用合同条款中约定。

除专用合同条款另有约定外，竣工结算申请单应包括以下内容：

1. 竣工结算合同价格；

2. 发包人已支付承包人的款项；

3. 应扣留的质量保证金。已缴纳履约保证金的或提供其他工程质量担保方式的除外；

4. 发包人应支付承包人的合同价款。

4. 竣工结算的支付

（1）20××年 5 月 30 日，2 号食堂如期竣工，验收合格。承包方按合同约定编制工程竣工结算。发包人确认的工程结算款为 35000000 元，累计已实际支付的合同价款为 28000000 元。

累计已实际支付合同价款：35000000×85％＝29750000 元。

（2）20××年 6 月 8 日，承包人现场造价工程师×××经项目经理×××签字同意向监理提出竣工结算款支付申请（核准）表。

竣工结算款：35000000×（1－85％－3％）＝4200000（元）

（3）20××年 6 月 12 日，监理人按照合同约定审核结算事项，符合合同约定竣工结算事项，监理工程师×××在申请上签字并转交发包人授权的造价工程师×××审核金额。

（4）20××年 6 月 16 日，×××审核后，按规定交审计部门审核，最后核定的结算价款总额为 34850000 元，20 日，发包人将审计后的结算价款经学校主管领导同意后由发包人代表签字同意支付。

（5）20××年 6 月 25 日，发包人财务人员按照审核确认的金额将工程结算款划拨到承包人指定账户。

记录以上内容见“竣工结算款支付申请（核准）表”（表 3-15）。

竣工结算支付申请（核准）表　　表 3-15

工程名称：××××学院二期工程 2 号食堂　　标段：　　编号：

致××××学院

我方于 20××年 4 月 21 日至 20××年 5 月 30 日期间已完成了合同约定的工作，根据施工该合同的约定，现申请支付竣工结算合同款额为（大写）肆佰贰拾万元整（小写 4200000 元），请予核准。

序号	名称	申请金额(元)	复核金额(元)	备注
1	竣工结算合同价款总额	35000000	34850000	
2	累计已实际支付的合同价款	29750000	29750000	
3	应预留的质量保证金	1050000	1050000	
4	应支付的竣工结算金额	4200000	4050000	

承包人：（章）　造价人员×××　承包人代表×××　日期 20××年 6 月 8 日

复核意见：

☐与实际施工情况不相符，修改意见见附件。

☑与实际施工情况相符，具体金额由造价工程师复核。

监理工程师：×××

日期：20××年 6 月 12 日

复核意见：

你方提出的竣工结算款支付申请经复核，竣工结算款总额为（大写）叁仟肆佰捌拾伍万元整（小写 34850000 元）。

一级注册造价工程师：×××

日期：20××年 6 月 22 日

审核意见：

☐不同意

☑同意，支付时间为本表签发后的 15 日内。

发包人（章）

发包人代表：×××

日期：20××年 6 月 16 日

5. 有关最终清算的合同约定：

专用合同条款中有关最终结清的约定如下：

14.4　最终结清

14.4.1　最终结清申请单

承包人提交最终结清申请单的份数：一式三份。

承包人提交最终结算申请单的期限：执行通用条款。

14.4.2　最终结清证书和支付

1. 发包人完成最终结清申请单的审批并颁发最终结清证书的期限：执行通用条款。

2. 发包人完成支付的期限：执行通用条款。

15. 缺陷责任期与保修

15.2　缺陷责任期

缺陷责任期的具体期限：24 个月，自竣工验收合格并交付使用之日起计算。

15.3　质量保证金

关于是否扣留质量保证金的约定：按照竣工结算价的3%比例预留　。在工程项目竣工前，承包人按专用合同条款第3.7条提供履约担保的，发包人不得同时预留工程质量保证金。

15.3.1　承包人提供质量保证金的方式

质量保证金采用以下第　2　种方式：

1. 质量保证金保函，保证金额为：　/　；

2. 　3　%的工程款；

3. 其他方式：　/　。

15.3.2　质量保证金的扣留

质量保证金的扣留采取以下第　2　种方式：

1. 在支付工程进度款时逐次扣留，在此情形下，质量保证金的计算基数不包括预付款的支付、扣回以及价格调整的金额；

2. 工程竣工结算时一次性扣留质量保证金；

3. 其他扣留方式：　/　。

关于质量保证金的补充约定：　质量保修期满，且承包人履行保修义务后14日内无息退还　。

6. 最终清算支付

在缺陷责任期内，应为发包人原因造成缺陷的修复金额为10000元，承包人进行的质量缺陷修复费用为24000元，因承包人时间关系不能及时修复，发包人另行组织修复的费用30000元。缺陷期满，承包方造价员×××按照合同约定，经项目经理×××签字同意向监理提出“最终清算款支付申请（核准）表”，经发包人审核无误后签字同意支付最终结算款。

最终应支付的合同价款：预留的质量保证金＋因发包人原因造成缺陷的修复金额－承包人不修复缺陷、发包人组织的金额。

最终应支付的合同价款：1050000＋10000－30000＝1030000元。

记录以上内容见“最终清算款支付申请（核准）表”（表3-16）。

竣工结算支付申请（核准）表　　表3-16

工程名称：××××学院二期工程2号食堂　　标段：　　编号：

致××××学院

我方于20××年5月30日至20××年5月29日期间已完成了缺陷修复工作，根据施工该合同的约定，现申请支付最终结清合同款额为(大写)壹佰零叁万元整(小写1030000元)，请予核准。

序号	名称	申请金额(元)	复核金额(元)	备注
1	已预留的质量保证金	1050000	1050000	
2	应增加因发包人原因造成缺陷的修复金额	10000	10000	
3	应扣减承包人不修复缺陷、发包人组织的金额	30000	30000	
4	最终应支付的合同价款	1030000	1030000	

续表

<table>
<tr><td colspan="2">附:上述 2、3、4 详见附录名单(略)
承包人:(章)
造价人员×××　　　承包人代表×××　　　日期 20××年 6 月 9 日</td></tr>
<tr><td>复核意见:
□与实际施工情况不相符,修改意见见附件。
☑与实际施工情况相符,具体金额由造价工程师复核。
监理工程师:×××
日期:20××年 6 月 11 日</td><td>复核意见:
你方提出的支付申请经复核,最终应支付金额为(大写)壹佰零叁万元整(小写 1030000 元)。
注册造价工程师:×××
日期:20××年 6 月 12 日</td></tr>
<tr><td colspan="2">审核意见:
□不同意
☑同意,支付时间为本表签发后的 15 日内。
发包人(章)
发包人代表:×××
日期:20××年 6 月 12 日</td></tr>
</table>

3.5 综合案例分析

【例 3.9】 某建筑工程施工项目,甲乙双方就合同价款内容约定如下:

(1) 建筑安装工程造价 1320 万元,建筑材料及设备费占施工产值的比重为 60%;

(2) 工程预付款为建筑安装工程造价的 20%。工程实施后工程预付款从未施工工程尚需的建筑材料及设备费相当于工程预付款数额时起扣,从每次结算工程价款中按材料和设备占施工产值的比重抵扣工程预付款,直至竣工前全部扣清;

(3) 工程进度款按月结算;

(4) 工程质量保证金为建筑安装工程造价的 3%,竣工结算月一次扣留;

(5) 建筑材料和设备价差调整按当地工程造价管理部门有关规定执行(当地工程造价管理部门有关规定,下半年材料和设备价差上调 11%,在 12 月份一次调增)。

工程各月实际完成产值(不包括调整部分),见表 3-17。

工程各月实际完成产值(不包括调整部分)(单位:万元)　　　表 3-17

月份	8	9	10	11	12	合计
完成产值	110	220	330	440	220	1320

【问题】

(1) 计算该工程的预付款为多少?起扣点为多少?

(2) 该工程 8～11 月每月拨付工程款为多少?累计工程款为多少?

（3）12 月份办理竣工结算，该工程结算造价为多少？甲方应付工程结算款为多少（结果保留 3 位小数）？

（4）该工程在保修期间发生卫生间漏水，甲方多次要求乙方修理，乙方拒绝履行保修义务，最后甲方另请施工单位修理，修理费 1.8 万元，该项费用如何处理？

【分析】

（1）工程预付款：1320×20％＝264 万元

起扣点：1320－264/60％＝880 万元

（2）各月拨付工程款为：

8 月：工程款 110 万元，累计工程款＝110 万元

9 月：工程款 220 万元，累计工程款＝110＋220＝330 万元

10 月：工程款 330 万元，累计工程款＝330＋330＝660 万元

11 月：工程款＝440－(440＋660－880)×60％＝308 万元

累计工程款＝660＋308＝968 万元

（3）工程结算总造价：

1320＋1320×60％×11％＝1407.12 万元

甲方应付工程结算款：

1407.12－968－(1407.12×3％)－264＝132.906 万元

（4）1.8 万元维修费应从扣留的质量保证金中支付。

【例 3.10】某建筑施工单位承包了某工程项目施工任务，该工程施工时间为当年 8~12 月，与造价相关的合同内容有：

（1）工程合同价 4000 万元，工程价款采用调值公式动态结算。该工程的不调值部分价款占合同价的 15％，5 项可调值部分价款分别占合同价的 7％、23％、12％、8％和 35％。

调值公式如下：

$$P=P_0[A+(B_1\times F_{t1}/F_{01}+B_2\times F_{t2}/F_{02}+B_3\times F_{t3}/F_{03}+B_4\times F_{t4}/F_{04}+B_5\times F_{t5}/F_{05})]$$

式中 P——结算期已完工程调值后结算价款；

P_0——结算期已完工程未调值合同价款；

A——合同价中不调值部分的权重；

B_1、B_2、B_3、B_4、B_5——合同价中可调值部分的权重；

F_{t1}、F_{t2}、F_{t3}、F_{t4}、F_{t5}——合同价中可调值部分结算期价格指数；

F_{01}、F_{02}、F_{03}、F_{04}、F_{05}——合同价中可调值部分基期价格指数。

（2）开工前业主向承包商支付合同价 25％的工程预付款，在工程最后两个月分别扣回预付款的 40％和 60％。

（3）工程款逐月结算。

（4）业主自第 1 个月起，从给承包商的工程款中按 3％的比例扣留质量保证金。工程质量缺陷责任期为 12 个月。

该合同的原始报价日期为当年的6月1日。结算各月份可调值部分的价格指数表，见表3-18。

可调值部分的价格指数表　　表3-18

项目	F_{01}	F_{02}	F_{03}	F_{04}	F_{05}
6月指数	144.4	153.4	154.4	160.3	100
8月指数	160.2	156.2	154.4	162.2	110
9月指数	162.2	158.2	156.2	162.2	108
10月指数	164.2	158.4	158.4	162.2	108
11月指数	162.4	160.2	158.4	164.2	110
12月指数	162.8	160.2	160.2	164.2	110

未调值前各月完成的工程情况为：

(1) 8月份完成工程400万元，本月业主供料部分材料费为10万元。

(2) 9月份完成工程600万元。

(3) 10月份完成工程800万元，由于甲方设计变更，导致增加各项费用合计1.8万元。

(4) 11月份完成工程1200万元，在施工中采用的模板形式与定额不同，造成模板增加费用1.5万元。

(5) 12月份完成工程1000万元，另有批准的工程索赔款3万元。

【问题】

(1) 该工程预付款是多少？工程预付款从哪个月开始起扣，每月扣留多少？

(2) 计算每月业主应支付给承包商的工程款为多少？

(3) 工程在竣工半年后，发生卫生间漏水，业主应如何处理此事？

【分析】

(1) 工程预付款＝4000×25%＝1000万元。工程预付款从11月份开始起扣，11月份应扣：1000×40%＝400万元

12月份应扣：1000×60%＝600万元

(2) 每月业主应支付的工程款：

8月份工程量价款＝400×[0.15＋(0.07×160.2/144.4＋0.23×156.2/153.4＋0.12×154.4/154.4＋0.08×162.2/160.3＋0.35×110/100)]

＝419.12万元

业主应支付工程款＝419.12×(1－3%)－10＝396.55万元

9月份工程量价款＝600×[0.15＋(0.07×162.2/144.4＋0.23×158.2/153.4＋0.12×156.2/154.4＋0.08×162.2/160.3＋0.15＋0.35×108/100)]

＝717.70万元

业主应支付工程款＝717.70×(1－3%)＝696.17万元

10月份工程量价款＝800×[0.15＋(0.07×164.2/144.4＋0.23×158.4/153.4＋0.12×158.4/154.4＋0.08×162.2/160.3＋0.35×108/100)＋1.8]

＝2279.32万元

业主应支付工程款＝2279.32×(1－3％)＝2210.94 万元

11 月份工程量价款＝1200×[0.15＋(0.07×162.4/144.4＋0.23×160.2/153.4＋0.12×158.4/154.4＋0.08×164.2/160.3＋0.35×110/100)]
＝1270.77 万元

业主应支付工程款＝1270.77×(1－3％)－1000×40％＝832.65 万元

12 月份工程量价款＝1000×[0.15＋(0.07×162.8/144.4＋0.23×160.2/153.4＋0.12×160.2/154.4＋0.08×164.2/160.3＋0.35×110/100)＋3]
＝4060.57 万元

业主应支付工程款＝4060.57×(1－3％)－1000×60％＝3338.75 万元

(3) 工程在竣工半年后，发生卫生间漏水，由于在质量保修期内，业主应首先通知原承包商进行维修。如果原承包商不能在约定的时限内履行自己的义务派人维修，业主可以委托他人进行修理，费用从质量保证金中支出。

【例 3.11】发包人与承包人就某工程项目签订了一份施工合同，工期 4 个月。工程内容包括 A、B 两项分项工程，综合单价分别为 360.00 元/m^3 和 220.00 元/m^3；管理费和利润为人材机费用之和的 16％，规费和税金为人材机费用、管理费和利润之和的 10％。分项工程工程量及单价措施项目费用数据表，见表 3-19。

分项工程工程量及单价措施项目费用数据表　　表 3-19

工程名称及工程量		月份				合计
		1	2	3	4	
A 分项工程(m^3)	计划工程量	200	300	300	200	1000
	实际工程量	200	320	360	300	1180
B 分项工程(m^3)	计划工程量	180	200	200	120	700
	实际工程量	180	210	220	90	700
单价措施项目费用(万元)		2	2	2	1	7

综合案例【例3.11】第一问

总价措施项目费用 6 万元（其中安全文明施工费 3.6 万元）；暂列金额 15 万元。

合同中有关工程价款结算与支付约定如下：

综合案例【例3.11】第二问

(1) 开工日 10 天前，发包人应向承包人支付合同价款（扣除暂列金额和安全文明施工费）的 20％作为工程预付款，工程预付款在第 2、3 个月的工程价款中平均扣回；

(2) 开工后 10 日内，发包人应向承包人支付安全文明施工费的 60％，剩余部分和其他总价措施项目费用在 2、3 月份平均支付；

综合案例【例3.11】第三、四问

(3) 发包人按每月承包人应得工程进度款的 90％支付；

(4) 当分项工程工程量增加（或减少）幅度超过 15％时，应调整综合单价，调整系数为 0.9（或 1.1）；措施项目费按无变化考虑；

（5）B 分项工程所用的两种材料采用动态结算方法结算，该两种材料在 B 分项工程费用中所占比例分别为 12%和 10%，基期价格指数均为 100。

施工期间，经监理工程师核实及发包人确认的有关事项如下：

1）2 月份发生现场计日工的人材机费用 6.8 万元。

2）4 月份 B 分项工程动态结算的两种材料价格指数分别为 110 和 120。

【问题】

（1）该工程合同价为多少万元？工程预付款为多少万元？

（2）2 月份发包人应支付给承包人的工程价款为多少万元？

（3）到 3 月末 B 分项工程的进度偏差为多少万元？

（4）4 月份 A、B 两项分项工程的工程价款各为多少万元？发包人在该月应支付给承包人的工程价款为多少万元（计算结果保留三位小数）？

【分析】

（1）合同价：

[(360×1000＋220×700)/10000＋7＋6＋15]×(1＋10%)＝87.340 万元

工程预付款：

[(360×1000＋220×700)/10000＋7＋6－3.6]×(1＋10%)×20%＝13.376 万元

（2）第 2、3 月分别支付措施费：(6－3.6×60%)/2＝1.92 万元

第 2 月应支付给承包人的工程价款：

[(360×320＋220×210)/10000＋2＋1.92＋6.8×1.16]

×(1＋10%)×90%－13.376/2＝20.981 万元

（3）第 3 月末 B 分项工程已完工程计划投资：

(180＋210＋220)×220×(1＋10%)/10000＝14.762 万元

第 3 月末 B 分项工程拟完工程计划投资：

(180＋200＋200)×220×(1＋10%)/10000＝14.036 万元

第 3 月末 B 分项工程进度偏差

＝已完工程计划投资－拟完成工程计划投资，即

14.762－14.036＝0.726 万元

第 3 月末 B 分项工程进度提前 0.726 万元。

（4）A 分项工程工程量增加：

(1180－1000)/10000＝18%＞15%，需要调价。

1000×(1＋15%)＝1150 万元，前 3 月实际工程量 1180－300＝880m^3

第 4 月 A 分项工程价款：

[(1150－880)×360＋(1180－1150)×360×0.9]×(1＋10%)/10000＝11.761 万元

第 4 月 B 分项工程价款：

90×220×(1＋10%)×(78%＋12%×110/100＋10%×120/100)/10000＝2.248 万元

第 4 月措施费：1×(1＋10%)＝1.1 万元

第 4 月应支付工程价款：(11.761＋2.248＋1.1)×90%＝13.598 万元

【例 3.12】 发包人与承包人就某工程项目签订了施工合同，工期为 5 个月。分项工程和单价措施项目的造价数据与经批准的施工进度计划见表 3-20；总价措施项目费用 9 万元（其中含安全文明施工费 3 万元）；暂列金额 12 万元。管理费和利润为人材机费用之和的 15%。规费和税金为人材机费用与管理费、利润之和的 10%。

分项工程和单价措施造价数据与施工进度计划表 表 3-20

分项工程和单价措施项目				施工进度计划(单位:月)				
名称	工程量(m^3)	综合单价(元/m^3)	合价(万元)	1	2	3	4	5
A	600	180	10.8					
B	900	360	32.4					
C	1000	280	28.0					
D	600	90	5.4					
合计			76.6	计划与实际施工均为匀速进度				

综合案例【例3.12】第一问

综合案例【例3.12】第二问

综合案例【例3.12】第三、四问

合同中有关工程价款结算与支付的约定如下：

(1) 开工前发包人向承包人支付签约合同价（扣除总价措施费与暂列金额）的 20%作为预付款，预付款在 3、4 月份平均扣除；

(2) 安全文明施工费工程款于开工前一次性支付；除安全文明施工费之外的总价措施项目费工程款在开工后的前 3 个月平均支付；

(3) 施工期间除总价措施项目费外的工程款按实际施工进度逐月结算；

(4) 发包人按每次承包人应得工程款的 85%支付；

(5) 竣工验收通过后的 60 天内进行工程竣工结算，竣工结算时扣除工程实际总价的 3%作为工程质量保证金，剩余工程款一次性支付；

(6) C 分项工程所需的甲种材料用量为 500m^3，在招标时确定的暂估价为 80 元/m^3；乙种材料用量为 400m^3，投标报价为 40 元/m^3。工程款逐月结算时，甲种材料按实际购买价格调整；乙种材料当购买价在投标报价的±5%以内变动时，C 分项工程的综合单价不予调整，变动超过±5%以上时，超过部分的价格调整至 C 分项综合单价中。

该工程如期开工，施工中发生了经承发包双方确认的以下事项：

1) B 分项工程的实际施工时间为 2～4 月；

2) C 分项工程甲种材料实际购买价为 85 元/m^3，乙种材料的实际购买价是 50 元/m^3；

3) 第 4 个月发生现场签证费用 2.4 万元。

【问题】

(1) 合同价为多少万元？预付款是多少万元？开工前支付的措施项目款为多少万元？

(2) C分项工程的综合单价是多少元/m^3？3月份完成的分部和单价措施费是多少万元？3月份业主应付的工程款是多少万元？

(3) 计算3月末累计分项工程和单价措施项目拟完工程计划费用、已完工程计划费用以及已完工程实际费用，并根据计算结果分析进度偏差（用投标额表示）与费用偏差。

(4) 除现场签证费用外，若工程实际发生的其他项目费用为8.7万元，计算工程实际造价及竣工结算价款。

(计算结果均保留三位小数)

【分析】

(1) 合同价=(76.6+9+12)×(1+10%)=107.360万元

预付款=76.6×(1+10%)×20%=16.852万元

开工前支付的措施项目款(安全文明施工费)=3×(1+10%)×85%=2.805万元

(2) 乙种材料增加材料款计算：

甲种材料实际购买价格为85元/m^3，

甲种材料增加材料款=500×(85−80)×(1+15%)=2875元

乙种材料实际购买价格为50元/m^3，由于(50−40)/40=25%>5%，乙种材料增加材料款=400×40×(25%−5%)×(1+15%)=3680元

C分项工程的综合单价=280+(2875+3680)/1000=286.555元/m^3

3月份完成的分部和单价措施费=32.4/3+(1000×286.555/3)/10000

=20.352万元

3月份业主应支付的工程款=[20.352+(9−3)/3]×(1+10%)×85%−16.852/2

=12.473万元

(3) 3月末分项工程和单价措施项目

累计拟完工程计划费用=(10.8+32.4+28×2/3)×1.1=68.053万元

累计已完工程计划费用=(10.8+32.4×2/3+28×2/3)×1.1=56.173万元

累计已完工程实际费用=(10.8+32.4×2/3+1000×2/3×286.555/10000)×1.1=56.654万元

进度偏差=累计已完工程计划费用−累计拟完成工程计划费用

=56.173−68.053=−11.880万元

实际进度拖后11.880万元。

费用偏差=累计已完工程计划费用−累计已完工程实际费用

=56.173−56.654=−0.481万元

实际费用增加0.481万元。

(4) 工程实际造价=[分部分项工程费76.6+C分项工程甲和乙材料调整费用(2875+3680)/10000+总价措施项目费用9+现场签证费用2.4+实际发生其他项目费用8.7]×规费税金(1+10%)=107.091万元

竣工结算价=总造价107.091×(1−质保金3%−已经支付85%)=12.851万元。

【例 3.13】 某工程建设项目，业主将其中一个单项工程通过工程量清单计价方式招标确定了中标单位，双方签订了施工合同，工期为 6 个月。每月分部分项工程项目和单价措施项目费用表，见表 3-21。

每月分部分项工程项目和单价措施项目费用表　　表 3-21

费用名称	月份						合计
	1	2	3	4	5	6	
分部分项工程项目费用(万元)	30	30	30	50	36	24	200
单价措施项目费用(万元)	1	0	2	3	1	1	8

总价措施项目费用 12 万元（其中安全文明施工费用 6.6 万元）；其他项目费用包括：暂列金额 10 万元，业主拟分包的专业工程暂估价 28 万元，总包服务费按 5%计算；管理费和利润以人材机费用之和为基数计取，计算费率为 8%；规费和税金以分部分项工程费、措施项目费、其他项目费之和为基数计取，计算费率为 10%。

施工合同中有关工程款计算与支付的约定如下：

（1）开工前，业主向承包商支付预付款为签约合同价（扣除暂列金额和安全文明施工费用）的 20%，并预付安全文明施工费用的 60%。预付款在合同期的最后 3 个月，从应付工程款中平均扣回；

（2）开工后，安全文明施工费的 40%随工程进度款在 1 月份支付，其余总价措施费在开工后的前 4 个月随工程进度款平均支付；

（3）工程进度款按月结算，业主按承包商应得工程进度款的 90%支付；

（4）其他项目费用按实际发生额与当月工程进度款同期结算支付；

（5）当分部分项工程工程量增加（或减少）幅度超过 15%时，应调整相应的综合单价，调价系数为 0.9（或 1.1）；

（6）施工期间材料价格上涨幅度在超过基期价格 5%及以内的费用由承包商承担，超过 5%以上的部分由业主承担；

（7）工程竣工结算时扣留 3%的质量保证金，其余工程款一次性结清。施工期间，经监理人核实及业主确认的有关事项如下：

1）3 月份发生合同外零星工作，现在签证费用 4 万元（含管理费和利润）；某分项工程因设计变更工程量增加 20%（原清单工程量 400m^3，综合单价 180 元/m^3），单价措施项目费相应增加 1 万元，对工期无影响。

2）4 月份业主的专业分包工程完成，实际费用 22 万元；另有某分项工程的某种材料价格比基期价格上涨 12%（原清单中，该材料数量 300m^2，综合单价 200 元/m^2）。

【问题】

（1）该单项工程签约合同价为多少万元？业主在开工前应支付给承包商的预付款为多少万元？开工后第 1 个月应支付的安全文明施工费工程款为多少万元？

（2）3 月份承包商应得工程款为多少万元？业主应支付给承包商的工程款为多少万元？

（3）4月份承包商应得工程款为多少万元？业主应支付给承包商的工程款为多少万元？

（4）假设该单项工程实际总造价比签约合同价增加了30万元，在竣工结算时业主应支付承包商的工程结算款应为多少万元？

（计算结果有小数的保留三位小数）

【分析】

（1）分部分项工程费用：200万元。

措施项目费用：12＋8＝20万元

其他项目费用：10＋28×1.05＝39.4万元

规费和税金：(200＋20＋39.4)×10％＝25.94万元

1）该单项工程签约合同价＝200＋20＋39.4＋25.94＝285.340万元

2）业主应支付的预付款：

[285.34－(10＋6.6)×1.1]×20％＋6.6×1.1×60％×90％＝57.336万元

3）第1个月应支付的安全文明施工费工程款：

6.6×40％×1.1×90％＝2.614万元

（2）3月份分部分项工程费用：

30＋(400×15％×180＋400×5％×180×0.9)/10000＝31.404万元

3月份的措施项目费用：2＋1＋(12－6.6)/4＝4.35万元

现场签证：4万元

3月份承包商应得工程款：(31.404＋4.35＋4)×1.1＝43.729万元

业主应支付给承包商的工程款：43.729×90％＝39.356万元

（3）4月份分部分项工程费：

50＋0.02×300×(12％－5％)×1.08＝50.454万元

4月份措施项目费用：3＋(12－6.6)/4＝4.35万元

4月份其他项目费用：22×(1＋5％)＝23.1万元

4月份应扣回预付款：[285.34－(10＋6.6)×1.1]×20％/3＝17.805万元

4月份承包商应得工程款：(50.454＋4.35＋23.1)×1.1＝85.694万元

业主应支付给承包商的工程款：85.694×0.9－17.805＝59.320万元

（4）实际造价：285.34＋30＝315.34万元

业主应支付给承包商的工程结算款：315.34×(10％－3％)＝22.074万元

【例3.14】 某工程采用工程量清单招标方式确定了中标人，业主和中标人签订了单价合同。合同内容包括六项分项工程，其工程量、费用和计划作业时间。该工程安全文明施工费等总价措施项目费为6万元，其他总价措施项目费为10万元，暂列金额8万元；管理费以分项工程中人工费、材料费、机械费之和为计算基数，费率为10％。

利润与风险费以分项工程费中人工费、材料费、机械费与管理费之和为计算基数，费率为7％；规费分部分项工程费、总价措施项目费和其他项目费之和为计算基数，费率为3%；税率为9%；合同工期为8个月。

分项工程工程量、费用和计划作业时间，见表3-22。

分项工程工程量、费用和计划作业时间　　表3-22

分项工程	A	B	C	D	E	F	合计
清单工程量(m^2)	200	380	400	420	360	300	2060
综合单价(元/m^2)	180	200	220	240	230	160	—
分项工程费(万元)	3.60	7.60	8.80	10.08	8.28	4.80	43.16
计划作业时间(起、止月)	1～3	1～2	3～5	3～6	4～6	7～8	—

有关工程价款支付条件如下：

(1) 开工前业主向承包商支付分项工程费（含规费和税金）的25%作为材料预付款，在开工后的第4～6月分三次平均扣回；

(2) 安全文明施工等总价措施项目费分别于开工前和开工后的第1个月分两次平均支付，其他总价措施项目费在第1～5个月分五次平均支付；

(3) 业主按当月承包商已完工程款的90%支付（包括安全文明施工费和其他总价措施项目费）；

(4) 暂列金额计入合同价，按实际发生额与工程进度款同期支付；

(5) 工程质量保证金为工程款的3%，竣工结算月一次扣留。

工程施工期间，经监理人核实的有关事项如下：

(1) 第3个月发生现场签证计日工费3.0万元；

(2) 因劳务作业队伍调整使分项工程C的开始作业时间推迟1个月，且作业时间延长1个月；

(3) 因业主提供的现场作业条件不充分，使分项工程D增加的人工费、材料费、机械费之和为6.2万元，作业时间未发生变化；

(4) 因设计变更使分项工程E增加工程量120m^2（其价格执行原综合单价），作业时间延长1个月；

(5) 其余作业内容及时间没有变化，每项分项工程在施工期间各月匀速施工。

【问题】

(1) 该工程合同价款为多少万元？业主在开工前应支付给承包商的材料预付款、安全文明施工费等总价措施项目费分别为多少万元？

(2) 第3、4月份承包商已完工程款、业主应支付承包商的工程进度款分别为多少万元？

(3) 计算实际合同价款、合同增加额及最终施工单位应得工程价款？

【分析】

(1) 合同价款：

(43.16＋6＋10＋8)×(1＋3%)×(1＋9%)＝75.401万元

预付款：

43.16×(1+3%)×(1+9%)×25%=12.114 万元

首付安全文明施工：

6×50%×(1+3%)×(1+9%)×90%=3.031 万元

(2) 3 月份完成工程款：

[3.6/3+10.08/4+6.2×(1+10%)×(1+7%)/4+10/5+3]×(1+3%)×(1+9%)=11.838 万元

应支付工程进度款：11.838×90%=10.654 万元

4 月份完成工程款：

[8.8/4+10.08/4+6.2×(1+10%)×(1+7%)/4+8.28/4+120×0.023/4+10/5]×(1+3%)×(1+9%)=19.663 万元

应支付工程进度款：

19.663×90%-12.114/3=13.659 万元

(3) 实际合同价：

(43.16+120×0.023+6.2×1.1×1.07+6+10+3)×1.03×1.09=81.078 万元

增加额：81.078-75.401=5.677 万元

最后施工单位应得工程款：81.078×(1-3%)=78.646 万元

78.646-81.078×90%=5.676 万元

【例 3.15】 某建设工程项目业主采用工程量清单计价方式公开招标确定了承包人，双方签订了工程承包合同，合同工期为 6 个月。合同中的清单项目及费用包括：分项工程 4 项，总费用为 200 万元；相应专业措施费用为 16 万元；安全文明施工费为 6 万元；计日工费为 3 万元；暂列金额为 12 万元；特种门窗工程（专业分包）暂估价为 30 万元，总承包服务费为专业分包工程费的 1.5%；规费和税金综合税率为 12%。

各分项工程费用及相应专业措施费、施工进度，见表 3-23。

各分项工程项目费用及相应专业措施费、施工进度　　表 3-23

分项工程项目名称	分项工程及相应专业措施费(万元)		施工进度(单位:月)					
	项目费用	措施费用	1	2	3	4	5	6
A	40	2.2						
B	60	5.4						
C	60	4.8						
D	40	3.6						

注：实线为计划作业；虚线为实际作业。

合同中有关付款条款约定如下：

（1）工程预付款为签约合同价（扣除暂列金额）的20%，于开工之日前10天支付，在最后2个月的进度款中平均扣回。

（2）分项工程费及相应专业措施费按实际进度逐月结算。

（3）安全文明施工费在开工后的前2个月平均支付。

（4）计日工、特种门窗专业费预计发生在第5个月，并在当月结算。

（5）总承包服务费、暂列金额按实际发生额在竣工结算时一次性结算。

（6）业主按每月应付工程款的90%支付进度款。

（7）竣工结算时扣留工程实际总造价的3%作为质量保证金。

【问题】

（1）该工程签约合同价为多少万元？工程预付款为多少万元？

（2）列式计算第3个月末时的工程进度偏差，并分析工程进度情况（以投资额表示）。

（3）计日工费用、特种门窗专业分包费均发生在第5个月，经核算后的计日工费为6万元，特种门窗专业分包费为20万元。列式计算第5个月末业主应支付给承包商的工程款为多少万元？

（4）在第6个月发生的工程变更、现场签证等费用为10万元，其他费用均与原合同价相同。列式计算该工程实际总造价和扣除质保金后承包商应获得的工程款总额为多少万元？

（费用计算以万元为单位，结果保留三位小数）

【分析】

（1）该工程签约合同价：

(200＋16＋6＋3＋12＋30＋30×1.5%)×(1＋12%)＝299.544万元

工程预付款：

(200＋16＋6＋3＋30＋30×1.5%)×(1＋12%)×20%＝57.221万元

（2）拟完工程计划投资：

[40＋2.2＋(60＋5.4)×2/3＋(60＋4.8)×1/3＋6]×(1＋12%)

＝127.008万元

已完工程计划投资：

[40＋2.2＋(60＋5.4)×1/2＋6]×(1＋7%)＝86.563万元

进度偏差＝已完工程计划投资－拟完工程计划投资：

86.563－127.008＝－40.445万元

工程进度拖后40.445万元。

（3）第5个月末业主应支付给承包商的工程款：

[(60＋5.4)×1/4＋(60＋4.8)×1/3＋(40＋3.6)×1/2＋6＋20]×(1＋12%)×90%－57.221×1/2＝57.826万元

（4）工程实际总造价：

299.544＋10×(1＋12％)－12×(1＋12％)＝297.304 万元

该工程扣质保金后承包商应得的工程款：

297.304×(1－3％)＝288.385 万元

思考与练习题

一、单项选择题

1. 某包工包料工程合同价款为 600 万元（已扣除暂列金额），则预付款不宜超过（　　）万元。

A. 60　　B. 120　　C. 180　　D. 240

2. 某工程，年度计划完成产值 400 万元，施工天数为 300 天，材料费占造价比重为 60％，材料储备期 120 天，按照公式计算法计算预付款为（　　）万元。

A. 106　　B. 96　　C. 120　　D. 84

3. 某工程签约合同价为 500 万元，预付款的额度为 20％，材料费占 60％，按照起扣点计算法计算该起扣点的金额是（　　）万元。

A. 350　　B. 400　　C. 333.33　　D. 666.67

4. 预付款担保最常采取的形式是（　　）。

A. 抵押担保　　B. 担保公司　　C. 银行保函　　D. 约定

5. 根据《建设工程工程量清单计价规范》(GB 50500—2013)，承包人还清全部预付款后，发包人应在预付款扣完后的（　　）天内退还预付款保函。

A. 7　　B. 14　　C. 21　　D. 28

6. 根据《建设工程工程量清单计价规范》(GB 50500—2013)，发包人应在工程开工后的（　　）天内预付不低于当年施工进度计划的安全文明施工费总额的 60％。

A. 7　　B. 14　　C. 21　　D. 28

7. 根据《建设工程工程量清单计价规范》(GB 50500—2013)，发包人认为需要现场计量核实时，应在计量前（　　）通知承包人。

A. 6 小时　　B. 12 小时　　C. 24 小时　　D. 36 小时

8. 发包人应在签发进度款支付证书后的（　　）天内，按照支付证书列明的金额向承包人支付进度款。

A. 7　　B. 14　　C. 21　　D. 28

9. 进度款的支付比例按照合同的约定，按期中结算价款总额计，不低于（　　），不高于 90％。

A. 40％　　B. 50％　　C. 60％　　D. 70％

10. 根据《建设工程质量保证金管理办法》(建质〔2017〕138 号) 第七条规定，发包人按照合同约定方式预留保证金，保证金总预留比例不得高于工程价款结算总额的（　　）。

A. 7％　　B. 6％　　C. 5％　　D. 3％

11. 根据《建设工程质量管理条例》的有关规定，电气管线、给水排水管道、设备安装和装修工程的保修期为（　　）。

A. 建设工程的合理使用年限　　B. 2 年

C. 5 年　　D. 按双方协商的年限

12. 单位工程竣工结算由（　　）编制，发包人审查。

A. 发包人　　B. 承包人

C. 项目经理　　D. 监理人

二、多项选择题

1. 确定预付款额的方法有（　　）。

A. 百分比法　　B. 定额计算

C. 公式计算法　　D. 规范计算法

E. 估算法

2. 预付款的回扣方法有（　　）。

A. 按合同约定扣款　　B. 随时扣回

C. 起扣点计算法　　D. 最后扣回

E. 口头约定扣回方法

3. 预付款可以采取的担保形式有（　　）。

A. 银行保函　　B. 抵押担保

C. 担保公司担保　　D. 约定

E. 自己公司担保

4. 工程结算的内容包括（　　）。

A. 工程预付款　　B. 工程进度款

C. 竣工结算款　　D. 税金

E. 规费

5. 工程竣工结算编制的主要依据（　　）。

A.《建设工程工程量清单计价规范》(GB 50500—2013)

B. 投标文件

C. 工程合同

D. 发承包双方实施过程中已确认的工程量及其结算的合同价款

E. 建设工程设计文件

6.《建设工程质量管理条例》第 40 条规定，在正常使用条件下，建设工程的最低保修期限正确的有（　　）。

A. 基础设施工程、房屋建筑的地基基础工程和主体结构工程，为 5 年

B. 屋面防水工程，有防水要求的卫生间、房间和外墙面的防渗漏，为 5 年

C. 供热与供冷系统，为 2 个供暖期、供冷期

D. 电气管线、给水排水管道、设备安装和装修工程，为 2 年

E. 其他项目的保修期限由发包方与承包方约定

三、简答题

1. 什么是工程价款结算？

2. 工程价款结算根据不同情况采取哪些方式？

3. 工程价款结算程序包括哪些内容?

4. 简述竣工结算的编制依据。

5. 简述最终结清的程序。

四、案例题

1. 某建筑工程施工项目，甲乙双方就合同价款内容约定如下:

(1) 建筑安装工程造价2640万元，建筑材料及设备费占施工产值的比重为60%;

(2) 工程预付款为建筑安装工程造价的20%; 工程实施后工程预付款从未施工工程尚需的建筑材料及设备费相当于工程预付款数额时起扣，从每次结算工程价款中按材料和设备占施工产值的比重扣抵工程预付款，直至竣工前全部扣清;

(3) 工程进度款按月结算，支付比例为80%;

(4) 工程质量保证金为建筑安装工程造价的3%，竣工结算月一次扣留;

(5) 建筑材料和设备价差调整按当地工程造价管理部门有关规定执行(当地工程造价管理部门有关规定，下半年材料和设备价差上调11%，在12月份一次调增)。

工程各月实际完成产值(不包括调整部分)，见表3-24。

工程各月实际完成产值(不包括调整部分)(单位:万元)　　表3-24

月份	8	9	10	11	12	合计
完成产值	220	440	660	880	440	2640

【问题】

(1) 计算该工程的预付款为多少? 起扣点为多少? 应从哪个月开始起扣?

(2) 该工程每月应支付的进度款为多少?

(3) 12月份办理竣工结算，该工程结算造价为多少? 甲方应付工程结算款为多少?

(4) 该工程在保修期间发生卫生间漏水，甲方多次要求乙方修理，乙方拒绝履行保修义务，最后甲方另请施工单位修理，修理费1.7万元，该项费用如何处理?

2. 某建筑施工单位承包了某工程项目施工任务，该工程施工时间从当年8月开始至12月，与造价相关的合同内容有:

(1) 工程合同价2000万元，工程价款采用调值公式动态结算。该工程的不调值部分价款占合同价的15%，5项可调值部分价款分别占合同价的7%、23%、12%、8%和35%。

调值公式如下:

$$P=P_0A+(B_1\times F_{t1}/F_{01}+B_2\times F_{t2}/F_{02}+B_3\times F_{t3}/F_{03}+B_4\times F_{t4}/F_{04}+B_5\times F_{t5}/F_{05})$$

(2) 开工前业主向承包商支付合同价25%的工程预付款，在工程最后两个月分别扣回预付款的40%和60%。

(3) 工程款逐月结算。

(4) 业主自第1个月起，从给承包商的工程款中按3%的比例扣留质量保证金。工程质量缺陷责任期为12个月。

该合同的原始报价日期为当年6月1日。结算各月份可调值部分的价格指数表，见表3-25。

结算各月份可调值部分的价格指数表　　表 3-25

代号	F_{01}	F_{02}	F_{03}	F_{04}	F_{05}
6 月指数	144.4	153.4	154.4	160.3	100
代号	F_{t1}	F_{t2}	F_{t3}	F_{t4}	F_{t5}
8 月指数	160.2	156.2	154.4	162.2	110
9 月指数	162.2	158.2	156.2	162.2	108
10 月指数	164.2	158.4	158.4	162.2	108
11 月指数	162.4	160.2	158.4	164.2	110
12 月指数	162.8	160.2	160.2	164.2	110

未调值前各月完成的工程情况为：

8 月份完成工程 200 万元，本月业主供料部分材料费为 10 万元。

9 月份完成工程 300 万元。

10 月份完成工程 400 万元，由于甲方设计变更，导致增加各项费用合计 1.9 万元。

11 月份完成工程 600 万元，在施工中采用的模板形式与定额不同，造成模板增加费用 1.5 万元。

12 月份完成工程 500 万元，另有批准的工程索赔款 2 万元。

【问题】

（1）该工程预付款是多少？

（2）计算每月业主应支付给承包商的工程款为多少？

（3）工程在竣工半年后，发生卫生间漏水，业主应如何处理此事？

教学单元3
参考答案

教学单元4

Chapter 04

工程结算争议解决

【知识目标】

了解工程结算争议产生的原因以及避免工程结算争议的措施，掌握工程结算争议的解决方式。

【能力目标】

通过了解结算争议产生的原因、争议的解决方式以及避免工程结算争议的措施，最终达到能够对工程结算争议进行合理解决，并尽量减少结算争议产生的效果。

【素质目标】

通过本章知识的讲解，明确工作中的权利、义务和责任，坚守职业道德，强化社会责任意识及职业敬畏感，培养认真严谨、一丝不苟、精益求精的工匠精神；树立国家意识、政治意识、法治意识、社会责任意识。

思维导图

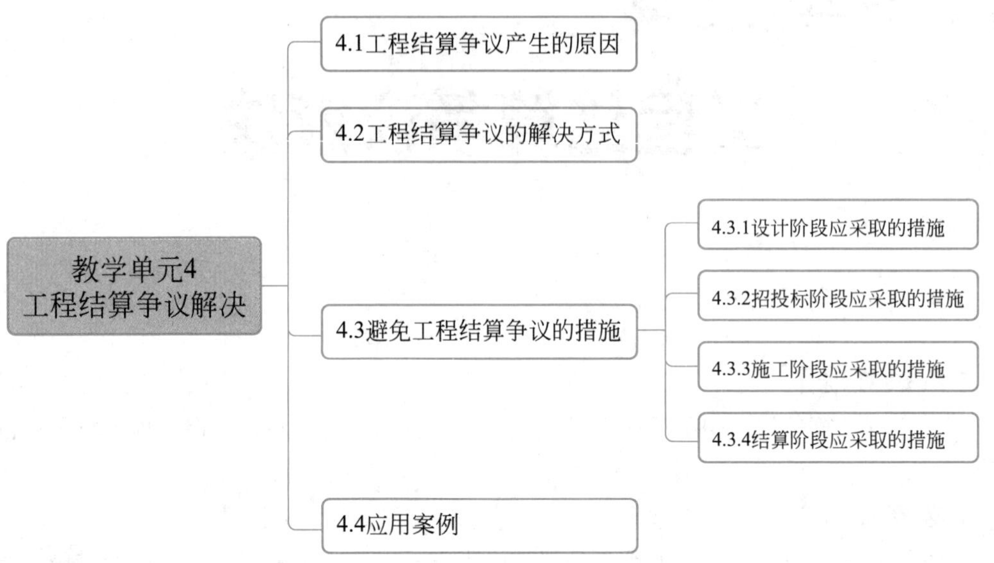

建设工程合同价款结算争议，指发承包双方在工程结算阶段，就合同解释、工程质量、工程量变化、单价调整、违约责任、索赔、垫支利息等影响竣工结算价的相关法律事实是否发生，以及该法律事实对结算价产生的影响不能达成一致意见，导致发承包双方不能共同确认最终工程结算价款的情形。

由于建设工程建设周期较长、投资额大、参与方众多、合同权利义务关系复杂，合同履行过程中又往往需要根据工程变更、工料机市场价格变化等情况对原合同进行多次调整。虽然我国已出台多项法律法规来规范发承包行为，但是由于发承包双方履约意识和法律意识差、承包商施工管理不当等原因，建设工程纠纷普遍存在，且多数是关于工程价款结算的纠纷。

4.1 工程结算争议产生的原因

4.1.1 订立合同不规范，缺乏操作性和约束力

发承包双发在签订建设工程施工合同时，应在合同中明确承包范围、双方的责任与权利义务、价款结算方式、风险分担、费用计算或调整、奖惩等。建设工程施工合同是约束发承包双方的法律文件，其应贯穿工程施工、工程结算及结算审核的全过程，是工程竣工结算编制和结算审核的最根本、最直接的依据。但在现实情况下，有些参与方对施工合同重视不够，合同条款疏于细心推敲，造成合同不够严谨，缺乏操作性、约束力。结算时由于合同对工程价款的结算缺乏具体约定，发承包双方容易产生争议。

4.1.2　建设工程法律关系较为复杂

建设工程是多种专业、各类企业在特定工程现场按照总承包和各项专业分包合同确定的内容进行的综合性建设活动。对建设方而言，一个建设项目的完成，前期要依靠设计、勘察、工程咨询机构协助，建设过程必须与监理、建设总承包企业、各专业分包企业（包括水、电、暖、机电设备安装，内外装修、装饰等）、劳务分包企业、材料供应单位进行配合，竣工后要依靠工程造价咨询机构进行结算，其间还涉及资金筹措、借贷、垫资、担保事务等，每一个项目的供货商、劳务提供方都通过各种特定合同与建设方联系在一起。其中的法律关系、履行合同的具体行为和工序也相互关联交错，需要精确管理、多方配合才能顺利完成。

4.1.3　建设周期长，施工中变更、签证多

由于建设工程通常工序复杂、耗时较长。在工程建设过程中，根据施工现场的具体情况及业主的具体需要修改设计、变更工艺和方法、调整施工进度、改变材料设备和安装方法的情况经常发生。有的甚至不得不暂停施工、重新办理审批手续，这不仅加大了施工合同履行的复杂性，也增加了结算难度。

4.1.4　建设工程项目工期和质量不易保证

建设工程项目的施工过程是多种专业、各类机构共同配合进行的综合性活动，工序交叉、相互干扰。很多专业工作受技术水平和现场条件限制，不能完全满足设计标准。具体实施者技术水平不均，工艺时好时坏。大量隐蔽工程由于事后无法直接探测，或不能进行完全的破坏性鉴定，很难判定质量责任。返工破坏的工程量及后续施工覆盖的部分常丧失鉴定条件，质量争议难以完全准确判断。结算阶段，业主往往对施工过程中不如人意的地方要求扣减工程费用，从而导致结算争议产生。

4.1.5　结算资料不规范

工程结算的依据有招标文件、投标文件、施工合同、补充协议、施工图纸、变更、签证、施工过程中有关工程费用调整的政策性计价文件。但作为结算依据的工程资料，特别是工程签证单、索赔和反索赔等文件资料如果在实施过程中没有按照规范填报、收集、保存，没有对变化的工程量形成结算依据，或者是签署意见的资料前后矛盾，结算过程中双方就会发生理解歧义，产生争议。

4.1.6　现场管理人员素质参差不齐

施工现场资料管理的好坏与管理人员的业务素质水平有直接关系的。如果资料及预算

人员不了解国家的有关法律法规和工程建设的标准规范，不熟悉法定的建设程序，缺乏工程建设及造价管理知识，必然影响结算资料的质量。此外如果管理人员，特别是预算员更换频繁，预算员对工程情况了解不实，资料移交和整理过程中不规范，资料丢失现象比较严重，也会导致结算争议的产生。

4.2 工程结算争议的解决方式

工程结算争议产生的原因和争议解决

根据《建设工程工程量清单计价规范》（GB 50500—2013）中的规定，合同价款结算争议的解决方式分为：监理或造价工程师暂定、管理机构的解释或认定、协商和解、调解、仲裁、诉讼。

4.2.1 监理或造价工程师暂定

采用监理或造价工程师暂定方式解决工程结算争议的，应在合同中明确约定，或在争议发生后约定并签订争议解决协议。

若发承包人之间就工程质量、进度、价款支付与扣除、工期延期、索赔、价款调整等发生任何法律上、经济上或技术上的争议，首先应根据已签约合同的规定，提交合同约定职责范围内的总监理工程师或造价工程师解决，并应抄送另一方。总监理工程师或造价工程师在收到此提交件后 14 天内应将暂定结果通知发包人和承包人。发承包双方对暂定结果认可的，应以书面形式予以确认，暂定结果成为最终决定。

发承包双方在收到总监理工程师或造价工程师的暂定结果通知之后的 14 天内未对暂定结果予以确认也未提出不同意见的，应视为发承包双方已认可该暂定结果。

发承包双方或一方不同意暂定结果的，应以书面形式向总监理工程师或造价工程师提出，说明自己认为正确的结果，同时抄送另一方。在暂定结果对发承包双方当事人履约不产生实质影响的前提下，发承包双方应实施该结果，直到按照发承包双方认可的争议解决办法被改变为止。

对于较小的工程结算价款争议，采用监理或造价工程师暂定方式解决争议的方式最为快捷，同时可以将争议和冲突控制在最小范围内，但应当注意的是，争议各方应明确理解上述条款的法律意义，应考虑监理和造价工程师是否能够做到客观、中立，如上述人员无法做到客观、中立，不建议采用该方法处理。在施工合同约定采用监理或造价工程师暂定方式解决争议的情况下，争议双方均可不经过监理或造价工程师暂定程序，直接向人民法院提起诉讼或根据仲裁约定向仲裁机构申请仲裁。

4.2.2 管理机构的解释或认定

采用管理机构的解释或认定方式解决工程结算争议的，应在合同中明确约定，或在争议发生后约定并签订争议解决协议。

合同价款争议发生后，发承包双方可就工程计价依据的争议以书面形式提请工程造价管理机构对争议以书面文件进行解释或认定。

工程造价管理机构应在收到申请的 10 个工作日内就发承包双方提请的争议问题进行解释或认定。

发承包双方或一方在收到工程造价管理机构书面解释或认定后仍可按照合同约定的争议解决方式提请仲裁或诉讼。除非工程造价管理机构的上级管理部门作出了不同的解释或认定，或是仲裁裁决及法院判决中不予采信，工程造价管理机构作出的书面解释或认定应为最终结果，并对发承包双方均有约束力。

4.2.3 协商和解

合同价款争议发生后，发承包双方任何时候都可以进行协商。协商达成一致的，双方应签订书面和解协议，和解协议对发承包双方均有约束力。

在和解协议起草和签订时，应对双方权利义务关系进行梳理，并表述清楚、明确，对结算方式或结算金额、履行时间、履行方式、特别约定作出明确且具有操作性的表述。建议将结算中所有争议全部进行解决，并阐明协议达成的基础和背景，做到不留后患，必要时，应要求法律专业人员参与。

和解协议签订后，除有证据证明协议签订中有欺诈、胁迫等违反自愿原则的情况或协议内容因违反法律规定导致无效外，否则即便争议一方将争议提交仲裁或法院处理，仲裁机构和法院原则上不会推翻和解协议约定的内容。

如果双方协商不能达成一致，发包人或承包人都可以按合同约定的其他方式解决争议。

4.2.4 调解

发承包双方应在合同中约定或在合同签订后共同约定争议调解人，负责双方在合同履行过程中发生争议的调解。与发承包双方自行协商一致达成和解不同，调解是在第三人分析争议发生原因，阐明争议各方理由，居中进行撮合，最终使争议各方就争议解决方案达成一致的争议解决方式。

合同履行期间，发承包双方可协议调换或终止任何调解人，但发包人或承包人都不能单独采取行动。除非双方另有协议，在最终结清支付证书生效后，调解人的任期应即终止。

如果发承包双方发生了争议，任何一方可将该争议以书面形式提交调解人，并将副本抄送另一方，委托调解人调解。

发承包双方应按照调解人提出的要求，给调解人提供所需要的资料、现场进入权及相应设施。调解人应被视为不是在进行仲裁人的工作。

调解人应在收到调解委托后 28 天内或由调解人建议并经发承包双方认可的其他期限内提出调解书，发承包双方接受调解书的，经双方签字后作为合同的补充文件，对发承包双方均具有约束力，双方都应立即遵照执行。

当发承包双方中任一方对调解人的调解书有异议时，应在收到调解书后 28 天内向另一方发出异议通知，并应说明争议的事项和理由。除非调解书在协商和解、仲裁裁决、诉讼判决中作出修改，或合同已经解除，承包人应继续按照合同实施工程。

当调解人已就争议事项向发承包双方提交了调解书，而任一方在收到调解书后 28 天内均未发出表示异议的通知时，调解书生效并对发承包双方均具有约束力。

知识拓展

某工程工程结算价款争议调解意见书，见表 4-1。

工程结算价款争议调解意见书　　表 4-1

编号

<table>
<tr><td>项目名称</td><td colspan="3"></td></tr>
<tr><td rowspan="3">申请调解单位</td><td colspan="3">建设单位：</td></tr>
<tr><td colspan="3">施工单位：</td></tr>
<tr><td colspan="3">中介机构：</td></tr>
<tr><td>调解时间</td><td></td><td>调解地点</td><td></td></tr>
<tr><td>调解部门</td><td></td><td>调解主持人</td><td></td></tr>
<tr><td>调解内容</td><td colspan="3"></td></tr>
<tr><td>调解意见</td><td colspan="3"></td></tr>
<tr><td>施工单位意见</td><td colspan="3">法定代表人签名：
年　月　日</td></tr>
<tr><td>建设单位意见</td><td colspan="3">法定代表人签名：
年　月　日</td></tr>
<tr><td>调解部门意见</td><td colspan="3">法定代表人签名：
（公章）
年　月　日</td></tr>
</table>

注：1. 本调解意见书自施工单位、建设单位双发签字之日起生效。
2. 本调解意见书一式三份，建设单位、施工单位和造价管理机构各执一份。

4.2.5 仲裁、诉讼

发承包双方的协商和解或调解均未达成一致意见，其中的一方已就此争议事项根据合同约定的仲裁协议申请仲裁，应同时通知另一方。

仲裁可在竣工之前或之后进行，但发包人、承包人和调解人各自的义务不得因在工程实施期间进行仲裁而有所改变。当仲裁是在仲裁机构要求停止施工的情况下进行时，承包人应对合同工程采取保护措施，由此增加的费用应由败诉方承担。

在本单元第 4.2.1～4.2.4 规定的期限之内，在暂定结果、和解协议或调解书已经有约束力的情况下，当发承包中一方未能遵守暂定或和解协议或调解书时，另一方可在不损害对方可能具有的任何其他权利的情况下，将其未能遵守暂定结果、不执行和解协议或调解书达成的事项提交仲裁。

发包人、承包人在履行合同时发生争议，双方不愿和解、调解或者和解、调解不成，又没有达成仲裁协议的，可依法向人民法院提起诉讼。

4.3 避免工程结算争议的措施

工程价款结算是工程建设能够顺利进行的重要保障，减少竣工结算争议，能帮助发承双方顺利完成结算工作。只有及时结算工程价款，承包商才能保证项目的顺利实施，拿到工程款提高收益；对业主方来说，有效解决工程结算争议，可以在某种程度避免工程结算风险，有助于业主进行投资控制，对控制工程造价起到了至关重要的作用。

避免工程结算争议的措施

如何能尽量减少工程结算争议，总的说来，在设计阶段应该重视设计图纸的质量；在招标投标阶段，要注意完善合同条款并且尽量保证工程量清单的准确性；在施工阶段要加强施工现场管理，严格控制工程变更；在结算阶段严格按照结算依据进行审核。

4.3.1　设计阶段应采取的措施

业主必须加强对设计工作的重视，尽可能做到缩短项目前期的时间，为项目的设计工作和实施工作留足时间，从而提高工程量清单编制质量，降低工程实施中因设计变更而引起的索赔事件数量。由于初步设计的深度远远达不到施工图的设计深度，无法使用工程量清单计价，所以必须采用施工图进行招标，否则将会发生纠纷。

当前除在建设单位及施工单位应用工程量清单计价规范外，在设计行业也应加强对工程量清单计价规范的宣传教育，使设计部门充分了解并重视工程量清单，使其与设计图纸相结合，在专业术语、设计深度等方面不断改进。

在初步设计完成后，有必要组织有关专家对其进行初步设计审查，详细核实初步设计概算的工程量，提出审查意见。为了确保施工图预算不突破经批准的设计概算，业主必须加强与设计方和造价咨询方之间的沟通协调，使施工图设计的工程量尽量符合实际。详细核实设计概算的投资内容，力求不漏项、不留缺口，以保证设计的完善性和设计深度达到要求，以保证最终设计方案的科学、经济；保证建设项目设计最优化；保证投资概算的合理准确，且满足建设工程投资的收益需求。在设计阶段工程造价专业人员密切配合设计人员完成方案比选、优化设计、开展相关的技术经济分析，避免反复修改设计图，减少无效的设计，提供切实可行、有效的设计方案，使设计投资更为合理。

应该采取先勘察、设计后施工的方式，对于没有图纸就进行施工的方式应该坚决杜绝，这种方式不仅会导致工程后期出现问题，还会导致工程的质量出现问题。相关部门应该严格地执行勘察、设计以及施工同时进行的方式进行施工，确保工程的质量，进而保证工程的整体项目资金流动符合正常水平，避免在工程结束时项目款项结算出现争议。

4.3.2 招标投标阶段应采取的措施

1. 招标投标环节应采取的措施

在工程招标的过程中，应该严格地遵守我国相关的法律以及相关行业的具体规定，坚决杜绝不招标以及先定标后招标的事件发生。如果不招标或者先定标后招标就会出现一些争议以及利益的问题，一些腐败的现象就会由此而生，影响整个项目的正常进行，同时对工程质量也有着比较大的影响。所以进行合理的招标对保证良好的施工质量以及工程款项结算都是十分有利的，能最大程度上避免工程结算出现争议问题。

建设工程的合同签订也是十分重要以及必要的。建设工程是一个长期的施工过程，工程的施工过程及最终完成的质量无法提前预知，如果没有相关具有法律效力的条文进行约束，就会很容易在工程后期出现质量争议，所以建设工程项目一定要在施工之前签订好合同的前提下进行，合同上应该有对工程质量明确的规定，保证相关条件的具体明确，杜绝日后出现质量问题而影响项目的资金流动，从而出现结算的争议问题。

2. 工程量清单编制阶段应采取的措施

工程量清单作为招标投标文件的核心内容，是确保投标单位公平投标和竞争的基础，是施工合同的重要组成部分，也是确定合同价款的重要参考数据。因此，工程量清单必须内容明确、客观公正、科学合理。发包方可以委托经验丰富的招标代理人进行工程量清单的编制工作。在工程量清单编制的过程中要求：

（1）项目特征描述准确

项目特征描述是工程量清单编制的重点，是施工单位投标报价的依据之一，在招标文件中的工程量清单项目特征描述必须准确全面，应具有高度的概括性，条目要简明，避免由于描述不清而引起理解上的差异，导致投标单位投标报价时不必要的误解，影响招标投标工作的质量。

（2）工程量清单数量准确

根据施工图纸标明的尺寸、数量，按照清单计价规范规定的工程量计算规则和计算方法，详细准确地算出工程量，保证提供的工程量清单数量与施工图所载明的数量一致，且经得起实际施工的检验。防止由于工程量清单数量不准确，为投标人提供不平衡报价的机会。

（3）清单列项完整

熟悉相关的资料，主要包括《建设工程工程量清单计价规范》（GB 50500—2013）及施工图纸和施工图纸说明，结合拟建工程的实际情况，具体化、细化工程量清单项目，确保清单项目的完整性，没有缺项和漏项，否则会因为清单工程量与图纸上的不一致导致工程结算争议，影响施工承包合同良性、有序履行。此时还需增加相应的工程量计算规则的描述，明确如何算量，防止由于算量产生纠纷，也便于监理在工程施工中复核工程的计量支付。

3. 合同制定阶段应采取的措施

建设工程施工合同是业主和承包商完成建筑工程项目，明确双方权利和义务的法定性文件。严谨、完备的建设工程施工合同，是双方预防工程纠纷的重要一环。规范的合同条款能够为整个合同的顺利实施奠定良好基础。起草合同时，应高度重视合同条款的制定，由专业技术人员与造价管理人员共同斟酌确定合同的条款。制定合同条款的原则如下：

（1）合同内容要合法。合同签订时双方应处于平等地位，条款编制要力求做到公平合理、平等互利，公平公正地约定权利义务；严重有失公平的合同本身就是违法合同而不具有法律效力，也最容易引起纠纷。

（2）用语要规范准确。签订施工合同时，语言表达要准确、严谨，让合同执行人充分理解合同本意，避免合同纠纷的产生。首先，要避免使用含糊不清的词语和定义，防止由于模棱两可的文字产生完全不同的解释，成为日后争议的原因；其次，不要用矛盾的词句；数量要做到准确、具体；最后，合同中的计量单位应采用国家统一规定的计量单位。

（3）审查双方的意思是否真实，是否违背其真实意思。审查合同当事人之间是否存在重大误解，或是一方以欺诈、胁迫、乘人之危的手段，使对方违背其真实意思。

（4）拟定施工合同条款应具有完备性和严密性，即条款的完备性、逻辑的严密性。在拟定施工合同时，应当逐条逐字、认真细致反复斟酌推敲合同的每一个条款，甚至是标点符号的运用。在合同条款中详尽权利义务，清楚经济责任。

（5）制定详细规范，清晰明确的专用条款的合同，是工程审核的最重要的基础。合同制定的严密与否直接影响了工程审核争议的产生。内容约定不清将直接导致工程结算无法进行。最好的解决措施就是将可能涉及的条款尽量在合同的专用条款中明确约定，包括工程量的计量、变更签证的处理等，使工程结算工作有据可查，最大限度地减少争议。

知识拓展

施工合同中应尽量明确以下内容，避免争议的产生：

1. 工程量的调整条件与范围。应在施工合同中明确约定工程量的调整条件和调整范围。只有发包人或监理工程师提出的设计变更、新增工程、其他变更产生的工程量或是发包人提供的工程量清单有误时才允许调整；但也不能无限制的调整，要明确工程量的调整范围。按照风险分担的原则，在合同中应该约定工程量超过（或低于）一定的范围，才能调整，在这个范围内的工程量不能调整。

2. 工程量调整的计算规则。在采用工程量清单计价的单价合同中，清单中所列的工程量准确性不高，尤其在设计深度不够时可能存在较大的误差。清单中的工程量只能作为投标报价的基础，并不能作为工程结算的依据，工程结算中最终工程量的确认要通过计量工作完成。在工程量清单计价模式下，发承包双方一定要在施工合同中明确约定工程量调整的计算规则，且调整的工程量与编制清单的工程量计算方法一致，避免造成争议。

3. 明确主要的施工方案。在施工合同签订过程中要重视施工方案在工程量清单计价中的不同作用，避免发承包双方因考虑不同的施工方案引起工程量变化，引发争议和索赔。因此在招标投标与合同签订过程中一定要对比施工方案，同时在合同签订中约定相关条款，避免此类计价纠纷的发生。

4.3.3 施工阶段应采取的措施

1. 在工程施工过程中，由于各种原因不可避免地会产生工程设计变更。工程变更是非承包人工作失误原因造成的超出原设计或原招标文件的工程内容。在施工过程中要明确工程变更、签证的管理程序，及时办理现场签证、加强现场管理，各个环节各负其责分别把关，相互制约。正确计量因工程变更而引起的工程量变化，防止在工程变更中以小充大，高估冒算。及时督促完善项目施工中的所有原始记录，要严格签证权限制和签证手续程序。加强隐蔽工程的检查验收，及时履行验收手续和现场经济签证手续。

2. 在造价控制的全过程中要充分发挥监理工程师作用，监理工程师的工作性质决定了其具有现场的第一手资料，他们有能力、有义务把好投资控制这一关，建设单位应给予监理工程师充分的信任，使工程量增减始终处于监控范围。增减控制方面的责任，赋予监理拥有对项目各标段、项目各参与方之间的统筹协调权，随时掌握工程进展情况，可能发生工程变更、工程量变化等信息，确保整个项目工程量的变化在整体监控之下，从而保障工程造价控制目标得以实现。

3. 现场实际施工中，实际工程进展与施工组织设计中的进度计划常常不能同步，如果不联系现场施工，只凭图纸核算工程量，会造成核算工程量与实际完成工程量不符。因此，建设单位预算人员要与工程管理人员、监理人员逐项核对施工单位申报项目的完成情况，并现场查看，才能准确核算工程量；必须用书面形式表达出工程师和承包人完工的报告。同时一定要注明完成的日期、提交的日期，为防止今后双方产生意见分歧提供依据，还要标明工程师实际参加计量工程量的日期。这样即便今后双方发生分歧，也可以用反映当时事实的文字性资料来证明。要杜绝只是口头表述要完成的内容和口头承诺要支付的费用。特别注意的是，对工程师要求的超出图纸的工程量，工程师一定要出具书面指示，以防止埋下纠纷的隐患。

4. 一般的工程在施工中期都会出现工程质量的缺陷，这时最经济的办法就是及时进行修复。但是有些承包人由于受到利益的驱使，故意不去修复这个缺陷，但是事实上，这样所带来的损失相比于修复缺陷是十分巨大的。在日后建筑出现质量问题的时候，相关部门确定是承包人的问题之后不仅会对其进行经济上的惩罚，还会追究承包人的法律责任。所以说，施工过程中出现质量问题的时候承包人应该积极地组织人员进行工程修复，确保质量过关，最大程度上减少经济的损失。

知识拓展

施工阶段加强现场签证管理的具体要求：

1. 确保变更签证的时效性，加强工程变更的签证时限、责任及审批手续的管理控制，防止签证被随意地、无正当理由地拖延和拒签，预先在工程合同条款中约定签证截止日期，避免结算审核时发生纠纷。

2. 填写工程签证单时，要包含时间、原因、部位、具体过程及相应的证据材料和附属文件等内容。保证签证文意表达的准确性，尽量保证没有歧义。要将双方口头形成的一致意见，准确完整地反映在签证资料中。确保各方签名及公章齐全，各方至少保存一份原件，以防擅自修改，结算时互无对证。

3. 签证的内容和原施工图存在一些重复的部分，在做签证单时多联系竣工图，避免发生多算或重算的情况发生。

4. 要加强对工程相关业务人员的培训，提高其业务素质，加强对定额必要的培训和学习，掌握一些基本的定额常识，熟悉签证工作，避免因对定额理解不够造成的签证争议。增强工作责任心，严把变更签证关。

5. 在施工的同时，做好隐蔽工程的验收记录，组织有关人员到现场验收签字，保证手续完整，工程量与竣工图一致方可列入结算，这样才能有效避免事后纠纷。

4.3.4　结算阶段应采取的措施

1. 工程结算审核中重要的一步就是复核施工合同条款和补充协议书条款与工程结算内容是否吻合，合同条款和协议条款执行情况是否到位，增减工程记录计算是否齐全等。首先，应核对竣工工程内容是否与合同条件一致，工程验收是否合格，只有按合同要求完成全部工程并验收合格才能列入竣工结算。其次，应对工程竣工结算按合同约定的结算方法进行审核；若发现合同漏洞或有开口，应与施工单位双方确认，明确结算要求。

2. 竣工结算的工程量应依据竣工图、设计变更单和现场签证等进行核算，并按国家统一规定的计算规则计算工程量。招标投标工程按工程量清单发包的，需逐一核对实际完成的工程量，对工程量清单以外的部分按合同约定的结算办法与要求进行结算。

（1）按图核实工程量

施工图工程量的审核过程中要仔细核对计算尺寸与图示尺寸是否相符，设计变更的工程量是否是变更图的工程量与原设计图的工程量之差，防止计算错误，不仅要求审核人员要具有一定的专业技术知识，还要有较高的预算业务素质和职业道德，对建筑设计、建筑施工、工程定额等一系列系统的建筑工程知识非常熟悉。

（2）现场签证

对签证凭据工程量的审核主要是现场签证及设计修改通知书，应根据实际情况核实，做到实事求是，合理计量。

对签证单引起的工程量的变更，要注意辨别是施工方应该承担的责任还是甲方应当承担的责任，审核时应做好调查研究；并审核其合理性和有效性，对因施工方自身责任管理不当而发生的签证单不予以计算，杜绝和防范与实际不相符的结算，模棱两可的签证应重新进行调查、签证。

知识拓展

某工程项目现场签证单，见表4-2。

项目现场签证单　　表 4-2

工程名称	××酒店工程	工程编号	××××
签证专业	土建	签证编号	××××

签证原因：

因合同变更，钢筋原材料改为甲方供给，导致我单位先前进场的钢筋需出场运走，因此产生的钢筋吊装费用以及进场出场运输费用应由建设单位承担。

施工单位（公章）

签证内容：

钢筋重量总计 308t，运费按 60 元/t 计取，进场加出场总计 2 次。吊装人工 11 人每天（塔司 1 人、信号司索工 2 人、架子工 3 人、押运 3 人），平均按每人每天 150 元计取，计 3 天。吊装机械塔式起重机台班费按每台班 210 元计取，共计 3 台班。塔式起重机总功率 70kW，电费 0.8 元/kW，每天工作 10 小时，计 3 天。

负责人：

年　月　日

签证工程量清单

序号	工程量及工程费用名称	单位	数量	单价（元）	合价（元）
1	钢筋运输费	t	716	60	42960
2	钢筋吊装人工费	工日	27	150	4050
3	钢筋吊装机械费	台班	6	210	1260
4	吊装电费	kW	2100	0.8	1680

建设单位（公章）	监理单位（公章）	施工单位（公章）
负责人：	总监理工程师：	负责人：
年 月 日	年 月 日	年 月 日

注：此签证单一式三份，建设单位、监理单位和施工单位各执一份。

（3）隐蔽工程

作好隐蔽工程验收记录是进行工程结算的前提，确保现场隐蔽签证的工程量与施工图计算相符。要严格审查验收记录手续的完整性、合法性。验收记录上除了监理工程师及有关人员确认外，还要加盖建设单位公章并注明记录日期，若隐蔽工程没有验收、没有记录、没有签证，应组织发包人、监理人、承包人，重新检验、鉴定，避免补签的隐蔽工程出现数量多记，甚至根本没有发生的现象。

4.4 应用案例

【例 4.1】 某机电安装建设项目中，某型号电气配管原合同清单数量为 1100m，工程结算审定数量为 9350m，工程量增加较多，并且第三方审计单位在审核的过程中发现，该项目的综合单价远高于市场行情，怀疑施工单位在投标时使用不平衡报价法，该项目结算单价应调整到市场价格水平。但是，施工单位认为该项目为固定单价合同，其综合单价不得调整。

【分析】 根据《建设工程工程量清单计价规范》（GB 50500—2013）中第 9.6.2 条的规定："对于任一招标工程量清单项目，如果工程量偏差超过 15%以上时，增加部分的工程量的综合单价应予调低，当工程量减少 15%以上时，减少后剩余工程量的综合单价应予以调高。"

该项目招标文件中同时也明确约定招标人有权在中标清单中调整不平衡单价，如果该项目存在严重的不平衡报价，当工作量发生变化时，招标人有权对该价格进行不利于投标人的调整。投标人对此应予以确认并不得对此提出异议。因此，根据计价规范和招标文件要求，经与承包人反复协商后达成一致意见，即原合同数量及其 15%以下的部分单价仍采用承包人的投标单价，15%以上的部分由第三审计单位重新测算单价。

【例 4.2】 某建设项目签订了固定单价合同，工程量按实际数量结算。在结算时，审核人员发现施工单位投标报价清单中有几项项目的工程量小于招标文件中工程量清单中的工程量。该项目如何结算，双方存在争议。施工单位认为，根据合同约定："合同文件相互解释，相互补充。如有不一致之处，以所列文件时间在后者为准"。投标文件在招标文件之后，按此原则，投标文件的解释权大于招标文件，并且在招标投标过程中甲方并未提出异议，因此应该按照投标文件进行结算。

【分析】 根据《建设工程工程量清单计价规范》（GB 50500—2013）中第 6.1.4 条的规定："投标人必须按招标工程量清单填报价格。项目编码、项目名称、项目特征、计量单位、工程量必须与招标工程量一致"。本条是强制性规定，投标人必须在投标时执行，同时，该项目招标文件规定投标人不得修改招标清单，否则应按废标处理。虽然在评标过程中，评标专家没有发现上述错误，但这不能否定该合同的合法有效性，应当结算，但结算单位不能执行投标价格。根据评标办法、投标人的得分是基于投标总价即招标人认可的是投标人的投标总价而非分项单价。因此，应该根据总价和正确数量修正单价，将修正后的单价作为结算单价，工程量应该据实结算。

思考与练习题

一、单项选择题

1. 根据《建设工程工程量清单计价规范》（GB 50500—2013）中的规定，合同价款结算争议的解决方式不包括（　　）。

A. 监理或造价工程师暂定　　　　B. 协商和解、调解

C. 监理单位的解释或认定　　　　D. 仲裁、诉讼

2. 根据《建设工程工程量清单计价规范》（GB 50500—2013）中的规定，下面关于“监理或造价工程师暂定”解决合同价款争议，说法正确的是（　　）。

A. 发承包双方选择采取“监理或造价工程师暂定”解决纠纷，应首先在合同中约定或在争议发生后约定并签订争议解决协议

B. 现场任一监理或造价工程师都可以对发承包双方纠纷予以解决

C. 总监理工程师或造价工程师对发承包双方的纠纷处理结果就是纠纷解决的最终决定

D. 监理或造价工程师暂定结果存在争议，则不予实施

3. 根据《建设工程工程量清单计价规范》（GB 50500—2013）中的规定，下面关于“协商和解”解决合同价款争议，说法正确的是（　　）。

A. 发承包双方选择采取“协商和解”解决纠纷，应首先在合同中约定

B. 发承包双方经协商达成一致签订的书面和解协议，对双方均有约束力

C. 和解协议经公证后，可以增强其执行力

D. 应由发包人确定争议调解人

4. 根据《建设工程工程量清单计价规范》（GB 50500—2013）下面关于“仲裁”解决合同价款争议，说法正确的是（　　）。

A. 应在施工合同中约定仲裁条款或在争议发生后达成仲裁协议，方可申请仲裁

B. 仲裁必须在竣工前进行

C. 仲裁期间必须停工的，承包人应对合同工程采取保护措施，其增加的费用应由承包人承担

D. 仲裁期间必须停工的，承包人应对合同工程采取保护措施，其增加的费用应由败诉方承担

5. 工程量清单编制阶段应采取的预防结算争议的措施中不正确的是（　　）。

A. 项目特征描述是工程量清单编制的重点，是施工单位投标报价的依据之一，在招标文件中的工程量清单项目特征描述必须准确全面

B. 根据施工图纸标明的尺寸、数量，按照清单计价规范规定的工程量计算规则和计算方法，详细准确地算出工程量，保证提供的工程量清单数量与施工图所载明的数量一致

C. 工程量清单作为招标投标文件的核心内容，是确保投标单位公平投标和竞争的基础，发包方必须自行完成工程量清单的编制工作

D. 编制人要熟悉相关的资料，主要包括《建设工程工程量清单计价规范》（GB 50500—2013）及施工图纸和施工图纸说明，结合拟建工程的实际情况，保证清单列项的完整性，

没有缺项和漏项

6. 结算阶段应采取的预防结算争议的措施中正确的是（　　）。

A. 应核对竣工工程内容是否与合同条件一致，工程验收是否合格，只有按合同要求完成全部工程并验收合格才能列入竣工结算。其次，应对工程竣工结算按合同约定的结算方法进行审核；若发现合同漏洞或有开口，应与施工单位双方确认，明确结算要求

B. 竣工结算的工程量应依据施工图、设计变更单和现场签证等进行核算，并按国家统一规定的计算规则计算工程量

C. 招标投标工程按工程量清单发包的，需逐一核对实际完成的工程量，对工程量清单以外的部分按甲乙双方协商的结算办法与要求进行结算

D. 对签证单引起的工程量的变更，要注意辨别是施工方应该承担的责任还是甲方应当承担的责任，对因施工方自身责任管理不当而发生的签证单应由施工单位提出变更工程量价款，建设单位签字确认

二、简答题

1. 工程结算争议产生的主要原因有哪些？

2. 简述施工阶段可采取的减少工程结算争议的措施有哪些？

3. 对于总价合同，结算时是否要依据签字确认的实际工程量进行结算？总价合同清单中的隐蔽工程是否要签证？招标范围内的隐蔽工程没有按设计要求施工是否需要调整？

三、论述题

1. 某工程结算时，经签字确认的实际工程量超出清单工程量 30%，业主提出因为工程量偏差较大，故该项工程量需重新分析单价，超出部分工程量不允许计取管理费，业主的说法是否合理？

2. 某项目采用固定总价合同，施工图总价 1500 万元，原工程量清单中“电气配管SC25”数量为 15000m，综合单价 20 元/m，合价 30 万元。在施工过程中设计将此配管变更为 SC40，经测算 SC40 综合单价为 35 元/m，因此施工单位提出增加费用（35 元/m－20 元/m）×15000m＝22.5 万元，即结算价为 1522.5 万元；建设单位提出异议，虽然电气配管 SC25 合同清单数量是 15000m，但是图纸数量只有 13000m，应该按照图纸数量来计算增加费用，即（35 元/m－20 元/m）×13000m＝19.5 万元，结算价为 1519.5 万元。该案例该如何处理？

教学单元5 工程结算的编制

Chapter 05

【知识目标】

掌握工程结算的编制程序，了解工程结算的编制依据及方法。

【能力目标】

通过掌握工程结算的编制程序，了解工程结算的编制依据及方法，最终达到能够按照计价规范及施工合同的要求，进行工程结算的编制。

【素质目标】

通过本章知识的讲解，明确工程结算工作者应具备的顺应行业数字化转型发展的学习能力、解决问题的能力、团队协作能力以及精益求精的职业素养；进一步把握专业内涵，增强专业自信，培养严谨求实的学习态度以及数字造价信息素养。

思维导图

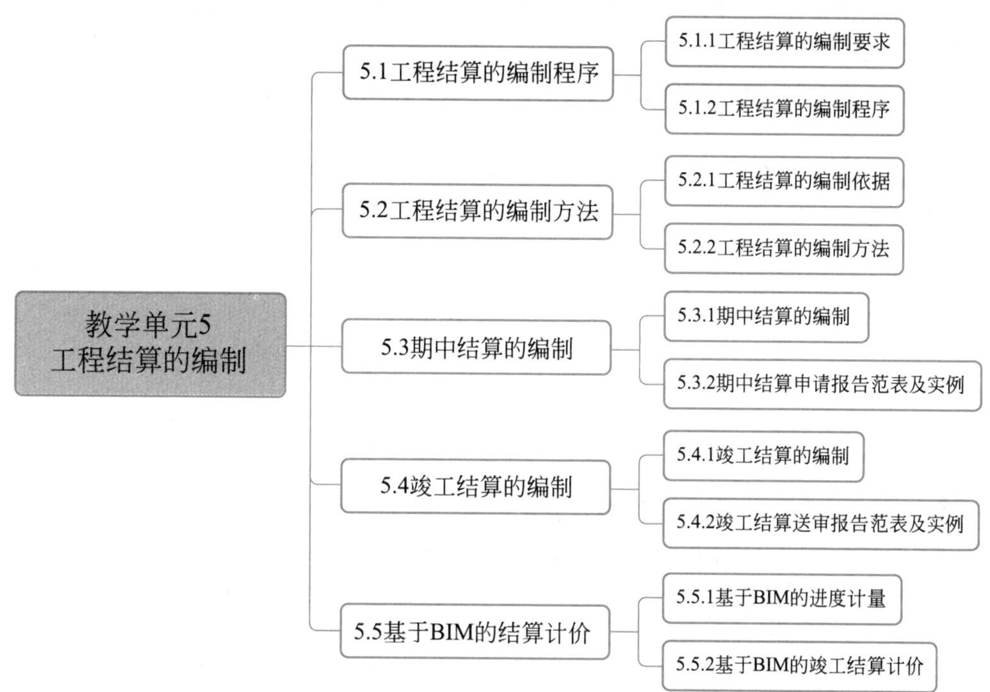

工程结算在项目施工过程中通常需要发生多次，一直到整个项目全部竣工验收，还需要进行最终建设项目的竣工结算。预付款、进度款通过支付申请、支付证书实现，而竣工结算要形成一套内容完整、格式规范的经济文件。工程结算的编制，在《建设工程工程量清单计价规范》（GB 50500—2013）中有详细的规定，并附有相应的表格。

5.1 工程结算的编制程序

5.1.1 工程结算的编制要求

1. 工程结算一般经过发包人或有关单位验收合格且点交后方可进行。

2. 工程结算应以施工发承包合同为基础，按合同约定的工程价款调整方式，对原合同价款进行调整。

3. 工程结算应核查设计变更、工程洽商等工程资料的合法性、有效性、真实性和完整性。对有疑义的工程实体项目，应视现场条件和实际需要核查隐蔽工程。

4. 建设项目由多个单项工程或单位工程构成的，应按建设项目划分标准的规定，将各单项工程或单位工程竣工结算汇总，编制相应的工程结算书并撰写编制说明。

5. 实行分阶段结算的工程，应将各阶段工程结算汇总，编制工程结算书，并撰写编制说明。

6. 实行专业分包结算的工程，应将各专业分包结算汇总在相应的单项工程或单位工程结算内，并撰写编制说明。

7. 工程结算编制应采用书面形式，有电子文本要求的应一并报送与书面形式内容一致的电子版本。

8. 工程结算应严格按工程结算编制程序进行编制，做到程序化、规范化，结算资料必须完整。

5.1.2 工程结算的编制程序

工程结算的编制要求和编制程序

工程结算的编制应按准备、编制和定稿三个工作阶段进行。

1. 准备阶段工作内容

（1）收集、归纳、整理与工程结算相关的编制依据和资料；

（2）熟悉施工合同、主要设备、材料采购合同、投标文件、招标文件、建设工程设计文件及工程变更、现场签证、工程索赔、相关的会议纪要等资料；

（3）掌握工程项目发承包方式、现场施工条件、实际工期进展情况、应采用的工程计量计价方式、计价依据、费用标准、材料设备价格信息等情况；

（4）掌握工程结算计价标准、规范、定额、费用标准，掌握工程量清单计价规范、工程量计算规范、国家和当地建设行政主管部门发布的计价依据及相关规定；

（5）召集相关人员对工程结算涉及的内容进行核对、补充和完善。

2. 编制阶段工作内容

（1）根据建设工程设计文件及相关资料以及经批准的施工组织设计进行现场踏勘，完成书面或影像记录；

（2）按照施工合同约定的工程计量、计价方式计算分部分项工程工程量、措施项目及其他项目的工程量，并对分部分项工程项目、措施项目和其他项目进行计价；

（3）按照施工合同约定，计算工程变更、现场签证及工程索赔费用；

（4）按照施工合同约定，确定是否对在工程建设过程中发生的人工费、材料费、机具台班费价差进行调整和计算；

（5）对于工程量清单或定额缺项以及采用新材料、新设备、新工艺、新技术的新增项目，应根据施工过程中的合理消耗和市场价格，编制综合单价或单位估价分析表，并应根据施工过程中的有效签证单进行汇总计价；

（6）汇总分部分项工程和单价措施项目费、总价措施项目费、其他项目费，初步确定工程结算价款；

（7）编写编制说明，计算和分析主要技术经济指标；

（8）编制工程结算，形成初步成果文件。

3. 定稿阶段工作内容

（1）审核人对初步成果文件进行复核；

（2）审定人对复核后的初步成果文件进行审定；

（3）编制人、审核人、审定人分别在成果文件上署名，并签章；

（4）承包人在成果文件上签章，在合同约定期限内将成果文件提交给发包人。

5.2 工程结算的编制方法

5.2.1 工程结算的编制依据

1. 施工合同、投标文件、招标文件；
2. 建设工程勘察、设计文件及相关资料；
3. 工程变更、现场签证、工程索赔等资料；
4. 与工程价款相关的会议纪要；
5. 工程材料及设备中标价或认价单；
6. 建设期内影响合同价款的法律法规和规范性文件；
7. 建设期内影响合同价款的相关技术标准；
8. 与工程结算编制相关的计价定额、价格信息等；
9. 其他依据。

竣工结算的编制依据除上述内容外，还应包括累计已实际支付的工程合同价款、往期期中结算报告。

5.2.2 工程结算的编制方法

1. 工程结算应依据施工合同类型采用相应的编制方法，并应符合下列规定：

（1）采用总价方式的，应在合同总价基础上，对合同约定可调整的内容及超过合同约定范围的风险因素进行调整；

（2）采用单价方式的，在合同约定风险范围内的综合单价应固定不变，工程量应按合同约定实际完成应予计量的工程量确定，并应对合同约定可调整的内容及超过合同约定范围的风险因素进行调整；

（3）采用成本加酬金方式的，应依据施工合同约定的方法计算工程成本、酬金及有关税费。

2. 采用工程量清单单价方式计价的工程结算，分部分项工程费应按施工合同约定应予计量且实际完成的工程量计量，并应按施工合同约定的综合单价计价。当发生工程变更、单价调整等情形时应符合下列规定：

（1）因工程变更引起已标价工程量清单项目或其工程数量发生变化时，项目单价应按现行国家标准的相关规定进行调整；

（2）材料暂估单价、设备暂估单价应按发承包双方确认的价格在对应的综合单价中进行调整；

（3）对于发包人提供的工程材料、设备价款应予以扣除。

3. 采用工程量清单单价方式计价的工程结算，措施项目费应按施工合同约定项目、金额、计价方法等确定，并应符合下列规定：

（1）与分部分项实体项目相关的措施项目费用，应随该分部分项工程项目实体工程量的变化而调整工程量，并应依据施工合同约定的综合单价进行计算；

（2）具有竞争性的独立性措施项目费用，应按投标报价计列；

（3）按费率综合确定的措施项目费用，应按国家有关规定及施工合同约定的取费基数和投标报价时的费率进行计算或调整。

4. 采用工程量清单单价方式计价的工程结算，其他项目费的确定应符合下列规定：

（1）投标报价中的暂列金额发生相应费用时，应分别计入相应的分部分项工程费、措施项目费中；

（2）材料暂估单价应按发承包双方最终确认价，在分部分项工程费、措施项目费中对相应综合单价进行调整；

（3）专业工程暂估价应按分包施工合同另行结算；

（4）计日工应按发包人实际签证的数量、投标时的计日工单价进行计算；

（5）总承包服务费应以实际发生的专业工程分包费用及发包人供应的工程设备、材料为基数和投标报价的费率进行计算。

5. 采用工程量清单单价方式计价的工程结算，工程变更、现场签证等费用应依据施工图，以及发承包双方签证资料确认的数量和施工合同约定的计价方式进行计算，并计入相应的分部分项工程费、措施项目费、其他项目费中。

6. 采用工程量清单单价方式计价的工程结算，工程索赔费用价款应依据发承包双方确认的索赔事项和施工合同约定的计价方式进行计算，并计入相应的分部分项工程费、措施项目费、其他项目费中。

7. 当工程量、物价、工期等因素发生变化，且超出施工合同约定的幅度时，应依据施工合同和《建设工程工程量清单计价规范》（GB 50500—2013）的有关规定调整综合单价或进行整体调整。

8. 期中结算的编制可采用粗略测算和精准计算方式相结合的方式。对于工程进度款的支付可采用粗略测算方式；对于工程预付款的支付，以及单项工程、单位工程或规模较大的分部工程已完工后工程结算的支付，均应采用精准计算方式。

9. 采用粗略方式测算工程进度款时，可采用下列方法：

（1）施工合同采用总价方式计价的，可将累计已完成工程形象进度的百分比，作为计算已完工程价款占合同价款比例的依据，估算已完工程价款；

（2）施工合同采用单价方式计价的，可采用简易快速、方便计量的方式粗略测算已完工程量和价款，也可采用现场勘察方法估算已完工程量和价款；

（3）按施工合同的约定，在期中结算中需对因市场物价变化而引起的工程材料设备价格进行调整时，可采用简易快速、方便计量的方法粗略测算需调整差价的工程材料设备数量和价款。

5.3 期中结算的编制

5.3.1 期中结算的编制

1. 期中结算应按承包人承接的施工合同分别编制并汇总。

2. 承包人应按施工合同约定的合同价款支付条款，定期或按工程的形象进度编制期中结算（合同价款支付）申请报告，申请的合同价款的范围应包括工程预付款、进度款等。

3. 期中结算编制的时间范围应从施工合同生效之日起开始，至申请期中结算最后一期进度款支付为止，并应累计计算已完成工程的全部价款。

4. 工程预付款可以在开工前一次性支付，也可以在开工后一定期限内分段支付，工程预付款的支付与扣除应与工程进度款一并提出，纳入期中结算（合同价款支付）申请报告中。

5. 工程进度款应包括截至本期结算日期内，与施工合同约定相关的所有已完成合同价款以及应调整的相关价款。

6. 发承包双方应对往期期中结算存在的问题进行调整，并应在当期期中结算中对往期期中结算进行修正。

7. 单项工程、单位工程或规模较大的分部工程完工后，发承包双方应根据合同约定的方法，在当期或下一个周期进行期中结算时，进行精准计算。

8. 采用工程量清单单价方式计价的期中结算（合同价款支付）申请报告应包括下列内容：

（1）封面；

（2）签署页；

（3）编制说明；

（4）期中结算申请汇总表；

（5）预付款支付申请表；

（6）进度款支付申请表；

（7）其他必要的表格等。

9. 采用工程量清单单价方式计价的进度款支付申请表中应包括下列内容：

（1）本期申请期末累计已完成的工程价款；

（2）本期申请期初累计已支付的工程价款；

（3）本期结算完成的工程价款；

（4）本期应扣减的工程价款；

（5）本期应支付的工程价款。

5.3.2 期中结算申请报告范表及实例

期中结算（合同价款支付）申请报告范表及实例见表 5-1～表 5-16。

期中结算申请报告封面格式　　表 5-1

合同号：XJZHL001

某新建综合楼　　工程

期中结算(合同价款支付)

申请报告

（　　年　　月　　日～　　年　　月　　日）

承包人：＿＿＿＿＿＿　公章：＿＿＿＿＿＿

编制日期：　　年　　月　　日

期中结算申请报告签署页格式　　表 5-2

合同号：XJZHL001

某新建综合楼　　工程

期中结算(合同价款支付)
申请报告

(　　年　　月　　日～　　年　　月　　日)

工程咨询企业执业专用章：

编　制　人：________________[签章]________________

审　核　人：________________[签章]________________

审　定　人：________________[签章]________________

法定代表人或其授权人：________________________

注：因专业和工作量需要，编制、审核、审定分别可以由多人完成，编制人员自行扩展。

期中结算申请报告编制说明　　表 5-3

某新建综合楼　　　工程

期中结算(合同价款支付)申请报告

编 制 说 明

一、编制依据

1.《建设工程工程量清单计价规范》(GB 50500—2013)、《房屋建筑与装饰工程工程量计算规范》(GB 50584—2013)、《通用安装工程工程量计算规范》(GB 50586—2013)、《河南省房屋与装饰工程预算定额》(HA01—31—2016)、《河南省通用安装工程预算定额》(HA02—31—2016)及其配套解释。

2. 某公司设计的某新建综合楼工程项目图纸、审查整改单及修改通知单、图纸问题回复等资料。

3. 与建设工程项目有关的标准、规范、技术资料。

4. 招标文件中有关的要求。

5. 施工现场情况、工程特点及常规施工方案。

6. 安全文明施工费、规费按要求足额计取。

7. 组织措施费中二次搬运费、夜间施工措施费、冬雨期施工措施费按要求足额计取。

8. 人工费、机械费、管理费按照豫建标定〔××××〕××号中相关规定调整。

9. 增值税依据财政部、税务总局、海关总署《关于深化增值税改革有关政策的公告》(2019 年第 39 号)，按一般计税方法的 9%增值税税率计取。

10. 材料、设备价格执行××××年××月份《××××市建设工程主要材料价格信息》，××××年××月份《××××市建设工程主要材料价格信息》中没有的执行××××年第××季度《××××市建设工程主要材料价格信息》，如××××年第××季度《××××市建设工程主要材料价格信息》没有的材料价格，按市场询价计入。

二、有关问题的说明

三、必要的附件

期中结算申请汇总表　　表 5-4

工程名称：某新建综合楼工程　　合同号：XJZHL001

序号	费用名称	申请金额	占合同百分比(%)	备注
1	预付款	5,150,543.21	15.88%	
2	进度款	2,226,843.46	6.87%	
3	其他费用			
合计		7,377,386.67	22.75%	

编制人：　　审核人：　　审定人：

预付款支付申请表　　表 5-5

工程名称：某新建综合楼工程　　合同号：XJZHL001

致：　某公司　（发包人全称）

我方根据施工合同的约定，现申请支付工程预付款额为（大写）伍佰壹拾伍万零伍佰肆拾叁元贰角壹分（小写）5,150,543.21 元，请与核准。

序号	费用名称	实际金额(元)	计取比例(%)	申请金额(元)	备注
1	已签约合同价款金额	32,430,741.45			
1.1	其中：安全文明施工费	635,404.43			
2	合同应付的预付款	32,430,741.45		5,150,543.21	
2.1	其中：其他预付款	31,795,337.02	15.00%	4,769,300.55	
2.2	其中：安全文明施工费	635,404.43	60.00%	381,242.66	

编制人：　　审核人：　　审定人：

进度款支付申请表　　表 5-6

工程名称：某新建综合楼工程　　合同号：XJZHL001

致：　某公司　（发包人全称）

我方于　××××年×月×日　至　××××年×月×日　期间已完成　土方开挖、钢筋混凝土工程、安装、给水排水及电气工程　工作，根据施工合同的约定，现申请支付本周期合同款为（大写）　贰佰贰拾贰万陆仟捌佰肆拾叁元肆角陆分　（小写　2,226,843.46 元　），请与核准。

序号	费用名称		实际金额(元)	支付比例	申请金额(元)	备注
1	本期申请期末累计已完成的工程价款		2,783,554.33			
2	本期申请期初累计已完成的工程价款		—			
3	本期结算完成的工程价款		2,783,554.33	80%		
4	本期应扣减的工程价款					
4.1	其中	本周期应抵扣的预付款				
4.2		本周期应抵扣的质量保证金				
4.3		本周期应抵扣的甲供材料设备款				
4.4		本周期应扣减的其他价款				
5	本期应支付的工程价款(5=1−2−4)		2,226,843.46			

编制人：　　审核人：　　审定人：

项目工程期中结算（进度款）送审汇总表　　表 5-7

工程名称：某新建综合楼工程　　合同号：XJZHL001　　第　页 共　页

序号	单项工程名称	本期结算金额(元)	其中:(元)	
			安全文明施工费	规费
一	新建综合楼工程	2,783,554.33		
合计		2,783,554.33	0.00	0.00

编制人：　　审核人：　　审定人：

单项工程期中结算（进度款）送审汇总表　　表 5-8

工程名称：某新建综合楼工程　　合同号：XJZHL001　　第　页 共　页

序号	单位工程名称	本期结算金额(元)	其中:(元)	
			安全文明施工费	规费
一	建筑工程	2,676,775.47		169,483.58
二	安装工程	106,778.86		6,210.32
合计		2,783,554.33	0.00	175,693.90

编制人：　　审核人：　　审定人：

单位工程期中结算（进度款）送审汇总表　　表 5-9

工程名称：某新建综合楼工程——建筑工程　　合同号：XJZHL001　　第　页 共　页

序号	单位工程名称	本期结算金额(元)
1	分部分项工程	1,784,037.72
1.1	土石方工程	1,072,503.49
1.2	混凝土及钢筋混凝土工程	711,534.23
2	措施项目	502,236.01
2.1	其中:安全文明施工费	—
2.2	其他措施费(费率类)	91,907.34
2.3	单价措施费	410,328.68
3	其他项目	
3.1	其中:计日工	
3.2	其中:总承包服务费	
4	规费	169,483.58
4.1	定额规费	169,483.58
4.2	工程排污费	
4.3	其他	
5	不含税工程造价合计=1+2+3+4	2,455,757.31
6	增值税	221,018.16
结算总价合计=5+6		2,676,775.47

编制人：　　审核人：　　审定人：

注：如无单位工程划分，单项工程也使用本表汇总

单位工程期中结算（进度款）送审汇总表　　表 5-10

工程名称：某新建综合楼工程——安装工程　　合同号：XJZHL001　　第　页 共　页

序号	单位工程名称	本期结算金额(元)
1	分部分项工程	65,371.75
1.1	给水排水工程	15,348.30
1.2	电气工程	50,023.45
2	措施项目	26,380.18
2.1	其中:安全文明施工费	—
2.2	其他措施费(费率类)	25,922.58
2.3	单价措施费	457.60
3	其他项目	—
3.1	其中:计日工	—
3.2	其中:总承包服务费	—
4	规费	6,210.33
4.1	定额规费	6,210.33
4.2	工程排污费	
4.3	其他	
5	不含税工程造价合计=1+2+3+4	97,962.26
6	增值税	8,816.60
结算总价合计=5+6		106,778.86

编制人：　　　　审核人：　　　　审定人：

注：如无单位工程划分，单项工程也使用本表汇总

分部分项工程和单价措施项目清单计价表　　表 5-11

工程名称:某新建综合楼工程——建筑工程　　合同号:XJZHL001　　第　页 共　页

序号	项目编码	项目名称	项目特征描述	计量单位	本期工程量	金额(元)	
						综合单价	本期结算合价
1	010101001001	平整场地	1. 一般土； 2. 根据现场情况土方运距自主考虑	m^2	13,991.64	5.33	74,575.44
2	010101003001	挖基础土方	1. 一般土； 2. 设计基础底标高至自然地坪(含桩间土)； 3. 凿、截桩头； 4. 挖土深度 5m 以内； 5. 根据现场情况土方运距自主考虑	m^3	68,586.12	14.55	997,928.05
3	010401003001	满堂基础	1. 商品混凝土 C40； 2. 混凝土抗渗等级 P6； 3. 商品混凝土运输根据现场情况自主考虑	m^3	164.36	428.30	70,395.39

续表

序号	项目编码	项目名称	项目特征描述	计量单位	本期工程量	金额(元)	
						综合单价	本期结算合价
4	010402004001	构造柱	1. 商品混凝土 C25； 2. 商品混凝土运输根据现场情况自主考虑	m^3	203.25	498.99	101,419.72
5	010405001003	有梁板	1. 层高 4.8m； 2. 板厚度 100mm 以上； 3. 商品混凝土 C30； 4. 商品混凝土运输根据现场情况自主考虑	m^3	459.27	402.86	185,021.51
6	010416001003	现浇混凝土钢筋	HRB400 钢筋 ϕ10 以内	t	31.68	3,847.03	121,873.91
7	010416001004	现浇混凝土钢筋	HRB400 钢筋 ϕ10 以上	t	55.65	4,184.06	232,842.94
本页小计							232,842.94
合计							232,842.94

编制人：　　　　审核人：

分部分项工程和单价措施项目清单计价表　　表 5-12

工程名称：某新建综合楼工程——安装工程　合同号：XJZHL001　第　页 共　页

序号	项目编码	项目名称	项目特征描述	计量单位	本期工程量	金额(元)	
						综合单价	本期结算合价
1	031001006001	PVC-U 塑料排水管（超高）	1. 安装部位：室内； 2. 介质：污水； 3. 材质、规格：PVC-U 塑料排水管 De50； 4. 连接形式：粘接； 5. 含成品管卡； 6. 备注：因管道避让增加的管道、管件工程量自行考虑； 7. 其他：未尽事宜参见施工图纸及说明、图纸答疑、招标文件及相关规范图集	m	16.72	35.20	588.54
2	031002003005	刚性防水套管	1. 名称、类型：刚性防水套管； 2. 材质：钢管； 3. 介质管道规格：DN65； 4. 备注：含预留洞、堵洞； 5. 其他：未尽事宜参见施工图纸及说明、图纸答疑、招标文件及相关规范图集	个	3.00	291.25	873.75
3	031002001001	管道支架	1. 材质：型钢； 2. 管架形式：管道支架； 3. 其他：未尽事宜参见施工图纸及说明、图纸答疑、招标文件及相关规范图集	kg	586.65	23.67	13,886.01

续表

序号	项目编码	项目名称	项目特征描述	计量单位	本期工程量	金额(元)	
						综合单价	本期结算合价
4	030412005001	单管荧光灯	1. 名称：单管荧光灯； 2. 规格：LED-28W/2800lm； 3. 安装形式：距地 3.0m 吊装； 4. 其他：未尽事宜参见施工图纸及说明、图纸答疑、招标文件及相关规范图集	套	507.00	97.51	49,437.57
5	030404034001	单联单控开关	1. 名称：单联单控开关； 2. 规格：250V，10A； 3. 安装方式：H＋1.3m； 4. 其他：未尽事宜参见施工图纸及说明、图纸答疑、招标文件及相关规范图集	个	31	16.58	513.98
6	030411001001	电气配管 JDG16	1. 材质：套接紧定式镀锌钢导管； 2. 规格：JDG16； 3. 配置形式：砖、混凝土结构暗配，砌体墙内暗敷剔槽、修补费用自行考虑； 4. 其他：未尽事宜参见施工图纸及说明、图纸答疑、招标文件及相关规范图集	m	8.17	8.80	71.90
本页小计							65,371.75
合计							65,371.75

编制人：　　　　　　　　　　　　审核人：

总价措施项目清单计价表　　　　表 5-13

工程名称：某新建综合楼工程　　　合同号：XJZHL001　　　第　页　共　页

序号	项目编码	项目名称	计算基础	综合费率(%)	本期计算金额(元)
一		总价措施费			117,829.92
1		其他措施费			117,829.92
	011704002001	夜间施工增加费			29,457.48
	011704004001	二次搬运费			58,914.96
	011704005001	冬雨期施工增加费			29,457.48
2		其他(费率类)			
	011704001001	安全文明增加费			—
合计					117,829.92

编制人：　　　　　　　　　　　　审核人：

注：1. “计算基础”为合同签订的计算基础。

其他项目清单计价汇总表　　表 5-14

工程名称：某新建综合楼工程　　合同号：XJZHL001　　第　页 共　页

序号	项目名称	本期计算金额(元)	备注
1	计日工		
2	总承包服务费		
合计			

编制人：　　审核人：

注：材料（工程设备）结算单价进入清单项目综合单价，此处不汇总。

计日工表　　表 5-15

工程名称：某新建综合楼工程　　合同号：XJZHL001　　第　页 共　页

序号	项目名称	单位	本期数量	综合单价(元)	本期结算合价(元)	
一	劳务(人工)					
1						
劳务(人工)小计						
二	材料					
1						
材料小计						
三	施工机械					
1						
施工机械小计						
合计						

编制人：　　审核人：

注：结算时，此表按发承包双方确认的实际数量计算合价。

总承包服务费计价表　　表 5-16

工程名称：某新建综合楼工程　　合同号：XJZHL001　　第　页 共　页

序号	项目编码	项目价值(元)	服务内容	计算基础	综合费率(%)	本期计算金额(元)
合计						

编制人：　　审核人：

5.4 竣工结算的编制

5.4.1 竣工结算的编制

1. 竣工结算应按承包人承接的施工合同分别编制并汇总。

2. 竣工结算应在期中结算的基础上进行编制。

3. 采用工程量清单单价方式计价的竣工结算送审报告应包括下列内容：

（1）封面；

（2）签署页；

（3）编制说明；

（4）竣工结算支付申请表；

（5）最终结算款支付申请表；

（6）项目竣工结算送审汇总表；

（7）单项工程竣工结算送审汇总表；

（8）单位工程竣工结算送审汇总表；

（9）分部分项工程和单价措施项目清单计价表；

（10）总价措施项目清单计价表；

（11）其他项目清单与计价汇总表；

（12）其他必要的表格。

5.4.2　竣工结算送审报告范表及实例

竣工结算送审报告范表及实例见表 5-17～表 5-31。

竣工结算送审报告封面格式　　表 5-17

合同号：XJZHL001

某新建综合楼　　工程

竣 工 结 算 送 审 报 告

档案号：

发包人：______　公章：______

编制日期：　年　月　日

竣工结算送审报告签署页格式 表 5-18

合同号：XJZHL001

某新建综合楼 工程

竣工结算送审报告

档案号：

工程咨询企业执业专用章：

编 制 人：__________[签章]__________

审 核 人：__________[签章]__________

审 定 人：__________[签章]__________

法定代表人或其授权人：__________

注：因专业和工作量需要，编制、审核、审定分别可以由多人完成，编制人员自行扩展。

竣工结算送审报告编制说明　　表 5-19

某新建综合楼工程

竣工结算送审报告

编 制 说 明

一、工程概况

本项目位于××××市××××东、××××南、××××西、金××××北。某新建综合楼总建筑面积为××××m^2，其中地上建筑面积为××××m^2，地下建筑面积××××m^2。

二、编制范围

图纸范围除甲方分包外的所有工程。

三、编制依据

1.《建设工程工程量清单计价规范》(GB 50500—2013)、《房屋建筑与装饰工程工程量计算规范》(GB 50584—2013)、《通用安装工程工程量计算规范》(GB 50586—2013)、《河南省房屋与装饰工程预算定额》(HA01—31—2016)、《河南省通用安装工程预算定额》(HA02—31—2016)及其配套解释。

2. 某公司设计的某新建综合楼工程项目图纸、审查整改单及修改通知单、图纸问题回复等资料。

3. 与建设工程项目有关的标准、规范、技术资料。

4. 招标文件中有关的要求。

5. 施工现场情况、工程特点及常规施工方案。

6. 安全文明施工费、规费按要求足额计取。

7. 组织措施费中二次搬运费、夜间施工措施费、冬雨期施工措施费按要求足额计取。

8. 人工费、机械费、管理费按照豫建标定〔××××〕××号中相关规定调整。

9. 增值税依据财政部、税务总局、海关总署《关于深化增值税改革有关政策的公告》(2019 年第 39 号)，按一般计税方法的 9%增值税税率计取。

10. 材料、设备价格执行××××年××月份《××××市建设工程主要材料价格信息》，××××年××月份《××××市建设工程主要材料价格信息》中没有的执行××××年第××季度《××××市建设工程主要材料价格信息》，如××××年第××季度《××××市建设工程主要材料价格信息》没有的材料价格，按市场询价计入。

四、编制方法

五、有关材料、设备、参数和费用说明

六、其他有关问题的说明

竣工结算支付申请表　　表 5-20

工程名称：某新建综合楼工程　　合同号：XJZHL001

致：某公司（发包人全称）

我方于××××年××月至××××年××月期间已完成合同约定的工作，工程已经完工，根据施工合同的约定，现申请支付竣工结算合同款额为(大写)玖佰零陆万壹仟壹佰伍拾捌元伍角壹分（小写：9,061,158.51元），请与核准。

序号	费用名称	合同金额(元)	申请金额(元)	备注
1	竣工结算合同价款总额	32,430,741.45	36,088,403.78	
2	累计已实际支付的合同价款		25,944,593.16	
3	应预留的质量保证金		1,082,652.11	
4	应支付的竣工结算款金额		9,061,158.51	

编制人：　　审核人：　　审定人：

最终结算款支付申请表　　表 5-21

工程名称：某新建综合楼工程　　合同号：XJZHL001

致：某公司（发包人全称）

我方于××××年××月至××××年××月期间已完成缺陷修复工作，根据施工合同的约定，现申请支付最终结清合同款额为(大写)壹佰伍拾肆万柒仟陆佰伍拾贰元壹角壹分（小写1,547,652.11元），请与核准。

序号	费用名称	申请金额(元)	备注
1	已预留的质量保证金	1,082,652.11	
2	应增加因发包人原因造成的缺陷的修复金额	500,000.00	
3	应扣减承包人不修复缺陷、发包人组织修复的金额	35,000.00	
4	最终应支付的合同价款	1,547,652.11	

编制人：　　审核人：　　审定人：

项目工程竣工结算送审汇总表　　表 5-22

工程名称：某新建综合楼工程　　合同号：XJZHL001　　第　页共　页

序号	单项工程名称	结算金额(元)	其中:(元)	
			安全文明施工费	规费
一	新建综合楼工程	36,088,403.78	718,114.61	850,009.05
合计		36,088,403.78	718,114.61	850,009.05

编制人：　　审核人：　　审定人：

单项工程竣工结算送审汇总表　　表 5-23

工程名称：某新建综合楼工程　　合同号：XJZHL001　　第　页 共　页

序号	单项工程名称	结算金额(元)	其中:(元)	
			安全文明施工费	规费
一	建筑工程	27,172,300.51	606,961.51	759,233.63
二	安装工程	8,916,103.27	111,153.10	90,775.42
合计		36,088,403.78	718,114.61	850,009.05

编制人：　　审核人：　　审定人：

单位工程竣工结算送审汇总表　　表 5-24

工程名称：某新建综合楼工程——建筑工程　　合同号：XJZHL001　　第　页 共　页

序号	汇总内容	结算金额(元)
1	分部分项工程	16,785,892.70
1.1	土石方工程	1,072,503.49
1.2	砌筑工程	652,969.80
1.3	混凝土及钢筋混凝土工程	5,030,561.39
1.4	楼地面工程	1,180,788.27
1.5	墙面工程	553,518.96
1.6	天棚工程	14,986.14
…		
2	措施项目	6,305,863.56
2.1	其中:安全文明施工费	606,961.51
2.2	其他措施费(费率类)	1,838,146.73
2.3	单价措施费	3,860,755.32
3	其他项目	242,300.00
3.1	其中:计日工	52,500.00
3.2	其中:总承包服务费	189,800.00
4	规费	1,594,659.80
4.1	定额规费	1,594,659.80
4.2	工程排污费	—
4.3	其他	—
5	不含税工程造价合计=1+2+3+4	24,928,716.06
6	增值税	2,243,584.45
结算总价合计=5+6		27,172,300.51

编制人：　　审核人：　　审定人：

注：如无单位工程划分，单项工程也使用本表汇总

单位工程竣工结算送审汇总表　　表 5-25

工程名称：某新建综合楼工程——安装工程　　合同号：XJZHL001　　第　页 共　页

序号	汇总内容	结算金额(元)
1	分部分项工程	6,796,974.00
1.1	给水排水工程	2,998,665.00
1.2	电气工程	3,798,309.00
1.3	…	
2	措施项目	737,224.73
2.1	其中:安全文明施工费	171,194.27
2.2	其他措施费(费率类)	518,451.64
2.3	单价措施费	47,578.82
3	其他项目	—
3.1	其中:计日工	—
3.2	其中:总承包服务费	—
4	规费	645,712.53
4.1	定额规费	645,712.53
4.2	工程排污费	—
4.3	其他	—
5	不含税工程造价合计=1+2+3+4	8,179,911.26
6	增值税	736,192.01
结算总价合计=5+6		8,916,103.27

编制人：　　审核人：　　审定人：

注：如无单位工程划分，单项工程也使用本表汇总

分部分项工程和单价措施项目清单计价表　　表 5-26

工程名称：某新建综合楼工程——建筑工程　　合同号：XJZHL001　　第　页 共　页

序号	项目编码	项目名称	项目特征描述	计量单位	结算工程量	金额(元)	
						综合单价	结算合价
1	010101001001	平整场地	1. 一般土; 2. 根据现场情况土方运距自主考虑	m^2	13,991.64	5.33	74,575.44
2	010101003001	挖基础土方	1. 一般土; 2. 设计基础底标高至自然地坪(含桩间土); 3. 凿、截桩头; 4. 挖土深度 5m 以内; 5. 根据现场情况土方运距自主考虑	m^3	68,586.12	14.55	997,928.05
…							

续表

序号	项目编码	项目名称	项目特征描述	计量单位	结算工程量	金额(元)	
						综合单价	结算合价
1	010402001001	砌块墙	1. 砌块品种、规格、强度等级：加气混凝土砌块，干密度级别B06级(干密度≤625kg/m)，抗压强度A3.5(抗压强度≥3.5MPa)； 2. 墙体厚度：200mm； 3. 砂浆强度等级：DM M5.0预拌砌筑砂浆； 4. 其他：墙体砌筑高度≤3.6m	m^3	804.01	410.11	329,732.54
2	010402001002	砌块墙	1. 砌块品种、规格、强度等级：加气混凝土砌块，干密度级别B06级(干密度≤625kg/m)，抗压强度A3.5(抗压强度≥3.5MPa)； 2. 墙体厚度：200mm； 3. 砂浆强度等级：DM M5.0预拌砌筑砂浆； 4. 其他：墙体砌筑高度>3.6m	m^3	720.66	445.95	321,378.33
3	010402001003	砌块墙	1. 砌块品种、规格、强度等级：加气混凝土砌块，干密度级别B06级(干密度≤625kg/m)，抗压强度A3.5(抗压强度≥3.5MPa)； 2. 墙体厚度：100mm； 3. 砂浆强度等级：DM M5.0预拌砌筑砂浆； 4. 其他：墙体砌筑高度≤3.6m	m^3	4.48	414.94	1,858.93
…							
1	010401003001	满堂基础	1. 商品混凝土C40； 2. 混凝土抗渗等级P6； 3. 商品混凝土运输根据现场情况自主考虑	m^3	1,775.91	428.30	760,622.25
2	010402004001	构造柱	1. 商品混凝土C25； 2. 商品混凝土运输根据现场情况自主考虑	m^3	230.31	498.99	114,922.39
3	010405001003	有梁板	1. 层高4.8m； 2. 板厚度100mm以上； 3. 商品混凝土C30； 4. 商品混凝土运输根据现场情况自主考虑	m^3	496.01	402.86	199,822.59
4	010416001003	现浇混凝土钢筋	HRB400钢筋 ϕ10以内	t	379.81	3,847.03	1,461,140.46
5	010416001004	现浇混凝土钢筋	HRB400钢筋 ϕ10以上	t	596.09	4,184.06	2,494,076.33

续表

序号	项目编码	项目名称	项目特征描述	计量单位	结算工程量	金额(元)	
						综合单价	结算合价
…							
1	010802001001	断热桥型铝合金（门联窗）	1. 门代号及洞口尺寸：详见图纸设计； 2. 门框、扇材质：85 系列断热桥型铝合金； 3. 玻璃品种、厚度：6mm＋9A＋6mm、Low-E 中空 SuperSE-1 玻璃； 4. 其他：需满足图纸及规范要求(含副框、五金配件、开启装置等)	m^2	145.2	797.76	115,834.75
2	010802003002	钢质防火门	1. 门类型：甲级防火门； 2. 选用图集：详见门窗表； 3. 配件：含锁、闭门器、顺序器等五金配件； 4. 其他：需满足图纸及规范要求	m^2	141.67	534.04	75,657.45
3	010805005001	玻璃地弹门	1. 门代号及洞口尺寸：玻璃地弹门； 2. 门框或扇外围尺寸：4200mm×4450mm，4800mm×4450mm，1800mm × 3650mm，3600mm×3650mm； 3. 框材质：铝合金地弹门门扇(铝型材表面处理方式，阳极氧化(不可视)、氟碳喷涂(室内外可视)，阳极氧化不低于 AA15，氟碳喷涂(三涂)涂层 $t \geqslant 45\mu m$； 4. 玻璃品种、厚度：6LOW-E＋12A＋6mm 钢化中空玻璃； 5. 门拉手：不锈钢地弹门拉手； 6. 五金：含转轴、地锁插销等	m^2	201.24	668.15	134,458.51
…							
1	011101001001	水泥砂浆楼地面	1. 部位：消防水泵房、生活水泵房； 2. 图示做法编号：楼 4； 3. 图集：水泥砂浆楼面(12YJ1 楼 101/厚度 20mm)； 4. 素水泥浆遍数：素水泥浆一道； 5. 面层厚度、砂浆配合比：20mm 厚 1 ∶ 2 水泥砂浆抹平压光	m^2	3130.24	30.13	94,314.13

续表

序号	项目编码	项目名称	项目特征描述	计量单位	结算工程量	金额(元)	
						综合单价	结算合价
2	011102001001	石材楼地面	1. 部位:走道; 2. 图集:12YJ 地 205; 3. 基层:素土夯实; 4. 垫层:300mm 厚三七灰土; 5. 找平层厚度、砂浆配合比:100mm 厚 C15 混凝土; 6. 结合层厚度、砂浆配合比:素水泥浆一道; 7. 结合层厚度、砂浆配合比:30mm 厚 1∶3 干硬性水泥砂浆; 8. 面层材料品种、规格、颜色:100mm 厚芝麻灰长条石,表面斩毛,水泥浆擦缝	m^2	1753.83	531.7	932,511.41
3	011102003001	块料楼地面	1. 图示做法编号:办公室; 2. 图集:楼 3; 3. 结合层厚度、砂浆配合比:25mm 厚 1∶3 干硬性水泥砂浆结合层; 4. 面层材料品种、规格、颜色:10mm 厚防滑地砖铺平拍实,缝宽 5mm,1∶1 水泥砂浆填缝	m^2	1413.28	108.94	153,962.72
…							
1	011201001002	墙面一般抹灰	1. 部位:卫生间、保洁间、茶水间; 2. 基层处理:2mm 厚配套专用界面砂浆批刮; 3. 底层厚度、砂浆配合比:7mm 厚 1∶1∶6 水泥石灰砂浆; 4. 面层厚度、砂浆配合比:6mm 厚 1∶0.5∶2.5 水泥石灰砂浆抹平	m^2	11994.46	27.55	330,447.37
2	011201001003	墙面一般抹灰	1. 图示做法编号:外墙仿石涂料墙面(有保温); 2. 图集:12YJ1 外墙 10; 3. 底层厚度、砂浆配合比:20mm 厚 1∶2.5 水泥砂浆抹面(压入一层玻璃纤维网)	m^2	3773.2	59.12	223,071.58
…							

续表

序号	项目编码	项目名称	项目特征描述	计量单位	结算工程量	金额(元)	
						综合单价	结算合价
1	011301001003	天棚抹灰	1. 部位：配电间、弱电机房； 2. 图示做法编号：顶4； 3. 图集：刮腻子顶棚(12YJ1 顶2)； 4. 基层处理：现浇钢筋混凝土板底面清理干净； 5. 底层厚度、砂浆配合比：5mm厚1∶1∶4水泥石灰砂浆打底； 6. 面层厚度、砂浆配合比：3mm厚1∶0.5∶3水泥石灰砂浆抹平； 7. 面层材料品种、规格：清理抹灰基层，刮腻子二遍，分遍磨平(另见清单项)	m^2	173.13	20.3	3,514.54
2	011302001001	吊顶天棚	1. 部位：地下化妆间； 2. 图示做法编号：顶2； 3. 图集做法：轻钢龙骨耐水耐火纸面石膏板吊顶(12YJ1 棚2B)； 4. 龙骨材料种类、规格、中距：轻钢龙骨单层骨架：次龙骨中距 400mm，横撑龙骨中距1200mm； 5. 基层材料种类、规格：9.5mm厚900mm×2700mm纸面石膏板，自攻螺钉拧牢，孔眼用腻子填平，刷配套防潮涂料一遍； 6. 面层材料品种、规格：表面装饰详见图纸设计	m^2	136.86	83.82	11,471.61
…							
1	011701001001	综合脚手架	1. 建筑结构形式：框架结构； 2. 檐口高度：40m以内； 3. 其他未尽事宜详见设计及规范	m^2	4468.96	83.82	374,588.23
2	011703001001	垂直运输	1. 建筑结构形式：框架结构； 2. 檐口高度、层高：6层以下，层高3.6～4.6m； 3. 其他未尽事宜详见设计及规范	m^2	4468.9	34.2	152,836.38
…							
本页小计							9,358,725.98
合计							20,646,648.02

编制人：　　　　　　　　　　　　审核人：

分部分项工程和单价措施项目清单计价表　　　　表 5-27

工程名称：某新建综合楼工程——安装工程　　合同号：XJZHL001　　第　页 共　页

序号	项目编码	项目名称	项目特征描述	计量单位	结算工程量	金额(元)	
						综合单价	结算合价
1	031006015001	生活水箱	1. 材质、类型：食品级组合不锈钢水箱； 2. 规格：$L\times B\times H=5.5m\times 2.5m\times 3.5m$； 3. 说明：含水箱进出管道、阀门、人孔、通气孔、溢流管、液位计、紫外线消毒水装置等配套附件，含设备基础施工； 4. 其他：未尽事宜参见施工图纸及说明、图纸答疑、招标文件及相关规范图集	台	1.00	52,986.75	52,986.75
2	031002003001	普通钢套管	1. 名称、类型：普通穿墙、穿楼板钢套管； 2. 材质：钢管； 3. 介质管道规格：DN50； 4. 备注：含预留洞、堵洞； 5. 其他：未尽事宜参见施工图纸及说明、图纸答疑、招标文件及相关规范图集	个	2.00	53.88	107.76
3	031002003005	刚性防水套管	1. 名称、类型：刚性防水套管； 2. 材质：钢管； 3. 介质管道规格：DN65； 4. 备注：含预留洞、堵洞； 5. 其他：未尽事宜参见施工图纸及说明、图纸答疑、招标文件及相关规范图集	个	3.00	291.25	873.75
4	031002001001	管道支架	1. 材质：型钢； 2. 管架形式：管道支架； 3. 其他：未尽事宜参见施工图纸及说明、图纸答疑、招标文件及相关规范图集	kg	586.65	23.67	13,886.01
5	031201003001	支架刷油	1. 除锈级别：轻锈； 2. 结构类型：一般钢结构； 3. 涂刷遍数、漆膜厚度：红丹二道，灰色调合漆二道； 4. 其他：未尽事宜参见施工图纸及说明、图纸答疑、招标文件及相关规范图集	kg	586.70	2.39	1,402.21

续表

序号	项目编码	项目名称	项目特征描述	计量单位	结算工程量	金额(元)	
						综合单价	结算合价
6	031001006001	PVC-U 塑料排水管(超高)	1. 安装部位:室内; 2. 介质:污水; 3. 材质、规格:PVC-U 塑料排水管 De50; 4. 连接形式:粘接; 5. 含成品管卡; 6. 备注:因管道避让增加的管道、管件工程量自行考虑; 7. 其他:未尽事宜参见施工图纸及说明、图纸答疑、招标文件及相关规范图集	m	16.72	35.20	588.54
7	031001006003	铸铁排水管(超高)	1. 安装部位:室内; 2. 介质:污水; 3. 材质、规格:铸铁、DN50; 4. 连接形式:机制承插式机械法兰接口; 5. 备注:因管道避让增加的管道、管件工程量自行考虑; 6. 其他:未尽事宜参见施工图纸及说明、图纸答疑、招标文件及相关规范图集	m	47.11	93.07	4,384.53
8	031001006061	HDPE 雨水管	1. 安装部位:室内; 2. 介质:雨水; 3. 材质、规格:HDPE、De160; 4. 连接形式:热熔连接; 5. 备注:因管道避让增加的管道、管件工程量自行考虑; 6. 其他:未尽事宜参见施工图纸及说明、图纸答疑、招标文件及相关规范图集	m	43.20	190.48	8,228.74
9	031001006050	PVC-U 塑料排水管	1. 安装部位:室内; 2. 介质:污水; 3. 材质、规格:PVC-U 塑料排水管 De75; 4. 连接形式:粘接; 5. 含成品管卡; 6. 备注:因管道避让增加的管道、管件工程量自行考虑; 7. 其他:未尽事宜参见施工图纸及说明、图纸答疑、招标文件及相关规范图集	m	143.65	48.72	6,998.63
…							

续表

序号	项目编码	项目名称	项目特征描述	计量单位	结算工程量	金额(元)	
						综合单价	结算合价
1	030412005001	单管荧光灯	1. 名称:单管荧光灯; 2. 规格:LED-28W/2800lm; 3. 安装形式:距地 3.0m 吊装; 4. 其他:未尽事宜参见施工图纸及说明、图纸答疑、招标文件及相关规范图集	套	507.00	97.51	49,437.57
2	030404034001	单联单控开关	1. 名称:单联单控开关; 2. 规格:250V、10A; 3. 安装方式:H+1.3m; 4. 其他:未尽事宜参见施工图纸及说明、图纸答疑、招标文件及相关规范图集	个	31.00	16.58	513.98
3	030411001001	电气配管 JDG16	1. 材质:套接紧定式镀锌钢导管; 2. 规格:JDG16; 3. 配置形式:砖、混凝土结构暗配,砌体墙内暗敷,剔槽、修补费用自行考虑; 4. 其他:未尽事宜参见施工图纸及说明、图纸答疑、招标文件及相关规范图集	m	8.17	8.80	71.90
4	030411004009	电气配线 WDZN-BYJ-2.5mm²	1. 名称:电气配线; 2. 型号:WDZN-BYJ-2.5mm²; 3. 配线部位:管内穿线; 4. 其他:未尽事宜参见施工图纸及说明、图纸答疑、招标文件及相关规范图集	m	1,044.54	4.02	4,199.05
5	030408001012	电力电缆 WDZN-YJY-5×10mm²	1. 名称:电力电缆; 2. 型号:WDZN-YJY-5×10mm²; 3. 敷设方式、部位:管道、桥架内敷设; 4. 电压等级:1kV; 5. 其他:未尽事宜参见施工图纸及说明、图纸答疑、招标文件及相关规范图集	m	75.56	47.60	3,596.66
6	030411001066	电气配管 PVC40	1. 材质:刚性阻燃管; 2. 规格:PVC40; 3. 配置形式:砖、混凝土结构暗配; 4. 其他:未尽事宜参见施工图纸及说明、图纸答疑、招标文件及相关规范图集	m	32.00	16.94	542.08

续表

序号	项目编码	项目名称	项目特征描述	计量单位	结算工程量	金额(元)	
						综合单价	结算合价
7	030411004079	电气配线WDZC-BYJR-50mm^2	1. 名称：电气配线； 2. 型号：WDZC-BYJR-50mm^2； 3. 配线部位：管内穿线； 4. 其他：未尽事宜参见施工图纸及说明、图纸答疑、招标文件及相关规范图集	m	32.00	39.78	1,272.96
8	030414011001	接地网系统调试	1. 名称：接地网系统调试； 2. 其他：未尽事宜参见施工图纸及说明、图纸答疑、招标文件及相关规范图集	系统	1.00	1,077.31	1,077.31
9	030409008003	局部等电位箱	1. 名称：局部等电位箱； 2. 说明：局部等电位与建筑钢筋连接：40×4 扁钢；局部等电位与设备连接：PC20、BVR-4； 3. 其他：未尽事宜参见施工图纸及说明、图纸答疑、招标文件及相关规范图集	台	90.00	104.46	9,401.40
10	030409008004	总等电位箱	1. 名称：总等电位箱； 2. 其他：未尽事宜参见施工图纸及说明、图纸答疑、招标文件及相关规范图集	台	1.00	134.26	134.26
本页小计							159,704.09
合计							6,796,974.00

编制人：　　　　　　　　　　　　审核人：

总价措施项目清单计价表　　　　表 5-28

工程名称：某新建综合楼工程　　　　合同号：XJZHL001　　　　第　　页 共　　页

序号	项目编码	项目名称	计算基础	综合费率(%)	金额(元)	调整费率(%)	结算金额(元)	备注
一		总价措施费					3,134,754.15	
1		其他措施费					2,356,598.37	
1.1	011704002001	夜间施工增加费					589,149.59	
1.2	011704004001	二次搬运费					1,178,299.18	
1.3	011704005001	冬雨期施工增加费					589,149.59	
2		其他(费率类)						
	011704001001	安全文明增加费					778,155.78	
合计							3,134,754.15	

编制人：　　　　　　　　　　　　审核人：

其他项目清单计价汇总表　　表 5-29

工程名称：某新建综合楼工程　　合同号：XJZHL001　　第　页 共　页

序号	项目名称	结算金额(元)	备注
1	计日工	52,500.00	
2	总承包服务费	189,800.00	
合计		242,300.00	

编制人：　　审核人：

计日工表　　表 5-30

工程名称：某新建综合楼工程　　合同号：XJZHL001　　第　页 共　页

序号	项目名称	单位	暂定数量	实际数量	综合单价(元)	合价(元)	
						暂定	实际
一	劳务(人工)						
1	零星用工	工日	500.00	350.00	150.00	75,000.00	52,500.00
劳务(人工)小计							
二	材料						
1							
材料小计							
三	施工机械						
1							
施工机械小计							
合计						75,000.00	52,500.00

编制人：　　审核人：

注：结算时，此表按发承包双方确认的实际数量计算合价。

总承包服务费计价表　　表 5-31

工程名称：某新建综合楼工程　　合同号：XJZHL001　　第　页 共　页

序号	项目编码	项目价值(元)	服务内容	计算基础	综合费率(%)	本期计算金额(元)
1	消防工程	1,980,000.00	分包配合	1,980,000.00	2.00	39,600.00
2	空调工程	3,980,000.00	分包配合	3,980,000.00	2.00	79,600.00
3	弱电智能化	780,000.00	分包配合	780,000.00	2.00	15,600.00
4	精装工程	2,750,000.00	分包配合	2,750,000.00	2.00	55,000.00
合计						189,800.00

编制人：　　审核人：

注：此表按合同签订结算方式计算合价。

5.5 基于BIM的结算计价

5.5.1 基于BIM的进度计量

建设项目的工期一般比较长，施工单位在工程建设中尽快回笼资金，需要对工程价款进行期中结算，工程竣工后进行竣工结算。期中结算是对合同中已完成的合格工程进行验收、计量和计价并进行核对的工作。这部分工作贯穿整个施工过程，是一项多而繁琐的工作，这里我们以某高校2号食堂为例，应用GCCP6.0软件进行期中结算的编制。

1. 新建进度计量文件

新建进度计量文件有三种方式。

（1）新建期中结算文件方式一：打开软件→云计价平台菜单栏→选择“进度计量”→点击“浏览”，选择对应的预算文件→点击“立即新建”，如图5-1所示。

图5-1 新建进度计量文件方式一

（2）新建期中结算文件方式二：打开软件→打开预算文件→打开菜单栏“文件”并下拉→选择“转为进度计量”，如图5-2所示。

（3）新建期中结算文件方式三：打开软件→云计价平台菜单栏→点击“最近文件”→右键点击招标投标文件，选择“转为进度计量”，如图5-3所示。

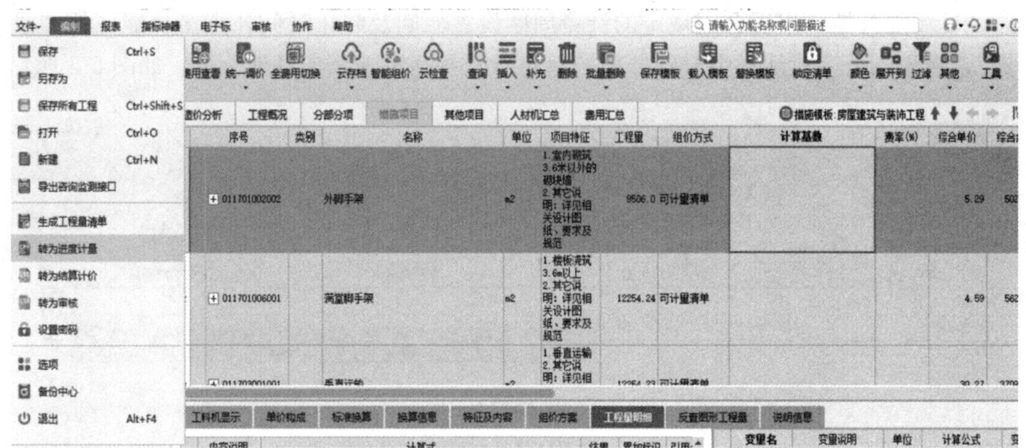

图 5-2　新建进度计量文件方式二

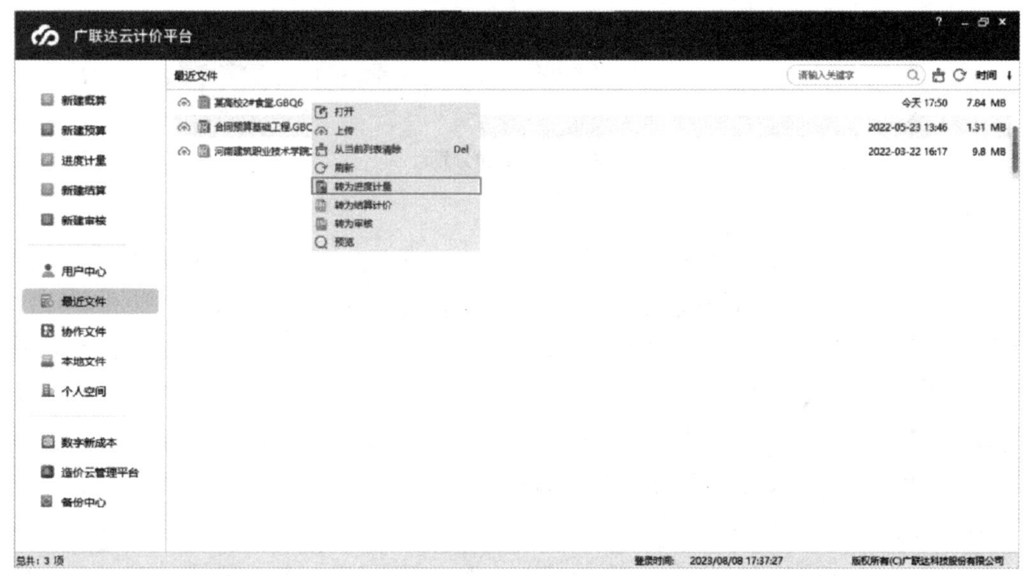

图 5-3　新建进度计量文件方式三

2. 上报分部分项工程、措施项目和其他项目工程量

（1）新建并描述分期形象进度。在功能区选择当前期，软件默认是“当前第 1 期”，设置当前时间→点击“形象进度”→进行形象进度描述，如图 5-4 所示。

图 5-4　新建并描述分期形象进度

（2）添加分期。根据合同规定的计量周期设置分期及起止时间，点击功能区的“添加分期”，在添加分期对话框中设置分期的起止时间并确定→添加其他分期，如图 5-5 所示。

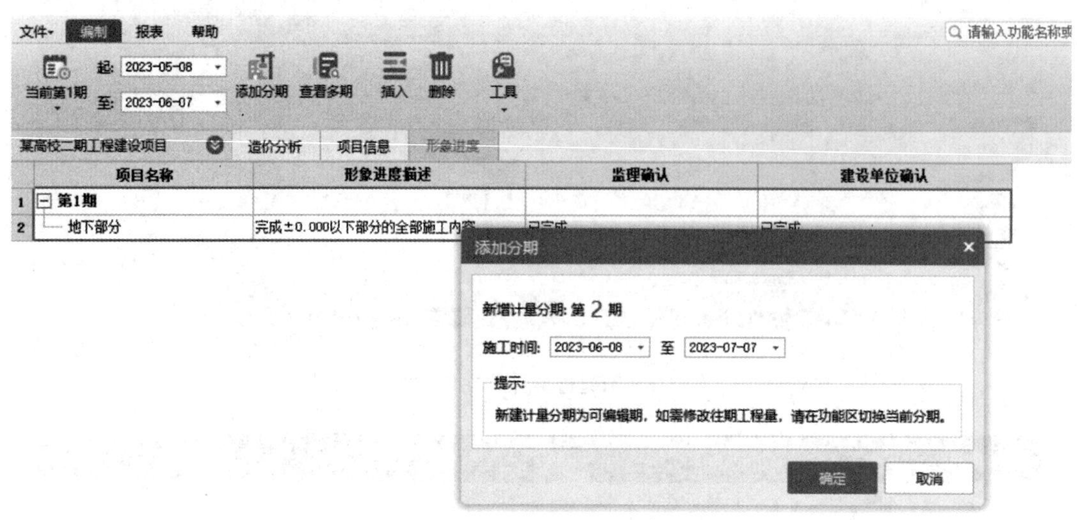

图 5-5 添加分期

（3）输入当前期量

1）软件区分上报、审定列，供施工方、审定方分别填写；2）手动输入完成量，也可直接按照比例输入（当期上报完成后，再将当前文件交由审定方进行审核）；3）累计数据（工程量、合价、比例）按各期审定值自动计算，累计完成超 100%红色预警；4）显示选项根据需要可以进行选择，如图 5-6 所示。

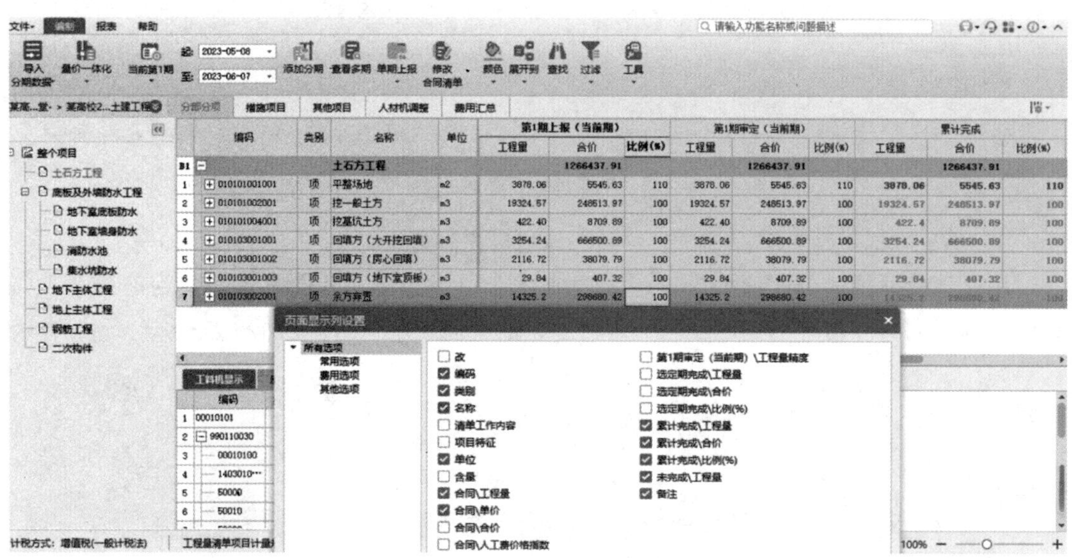

图 5-6 输入当期工程量或比例

（4）批量设置当期比例。选择当前期工程量单元格→单击鼠标右键→批量设置当期比例（上报），如图 5-7 所示。

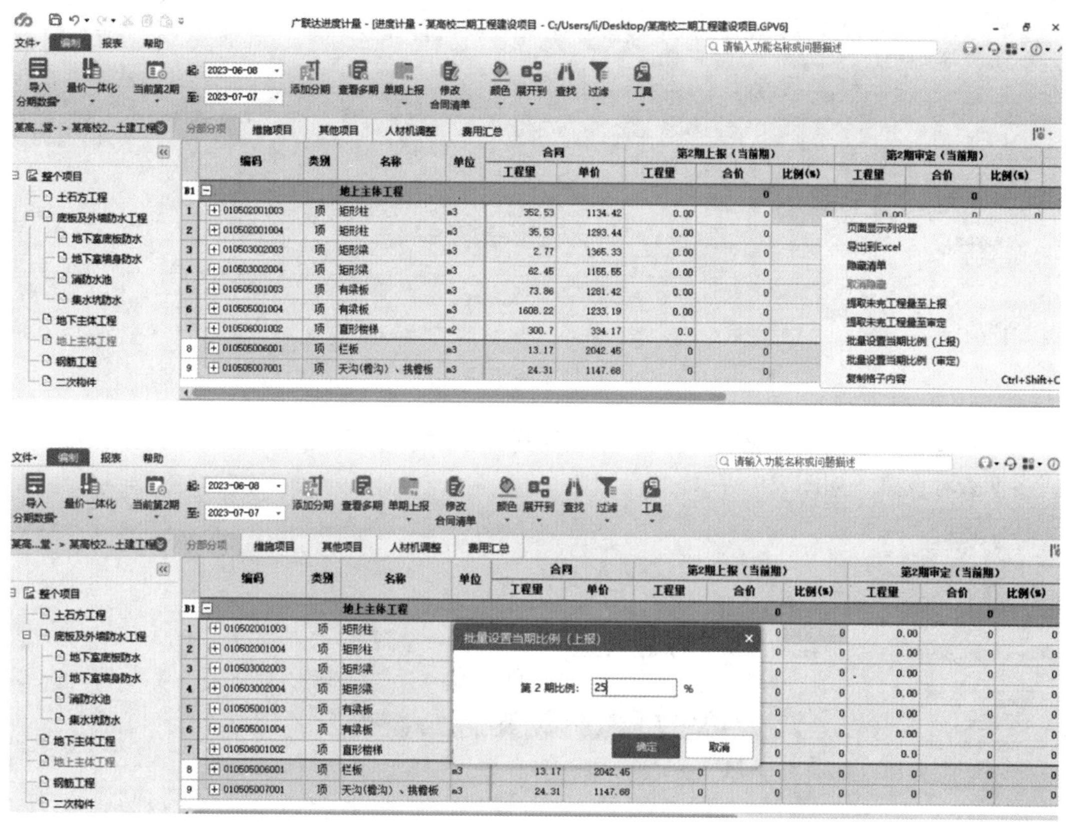

图 5-7　批量设置当前比例

（5）提取未完工程量。根据所选范围自动提取未完工合同工程量，如图 5-8 所示。

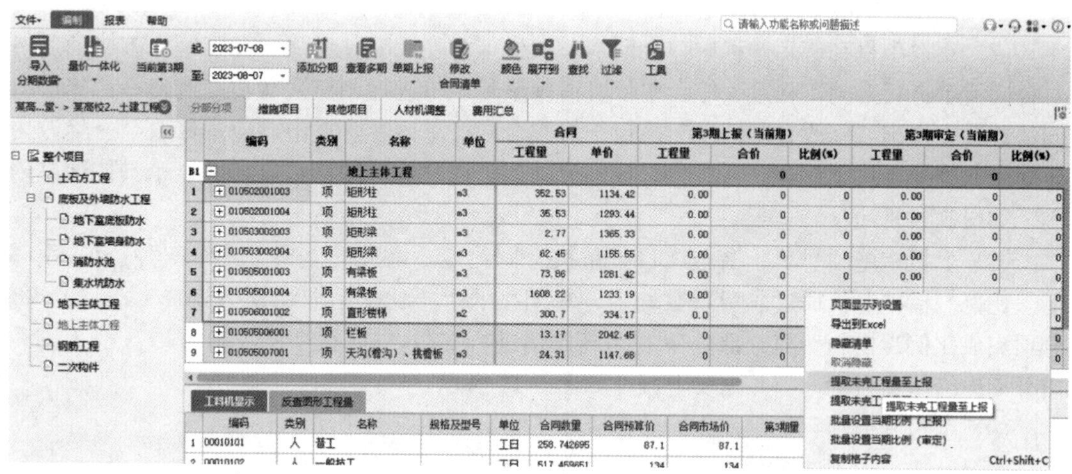

图 5-8　提取未完工程量（一）

图 5-8 提取未完工程量（二）

（6）查看多期。在功能区选择“查看多期”→勾选需要查看的分期，点击“确定”完成多期查看设置，如图 5-9 所示。

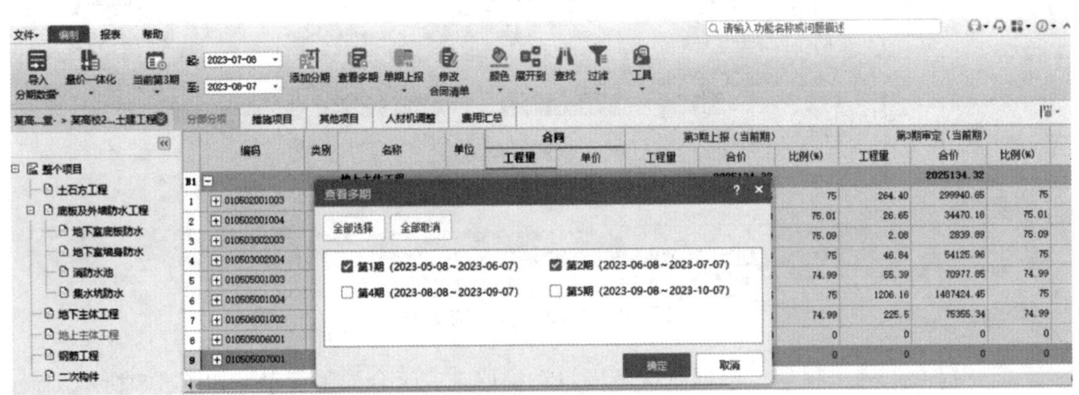

图 5-9 查看多期

（7）建设项目在施工过程中，合同清单发生重大变更时，经建设方和施工方协商后可对合同清单进行合同工程量、综合单价、清单子目组价进行调整。在功能区选择“修改合同清单”→弹出“修改合同清单”窗口→修改合同清单内容，点击“应用修改”→修改内容同步到进度计量工程合同清单中，分部分项列出现“改”图标，点击后显示具体调整内容，如图 5-10 所示。

（8）上报措施项目费。措施项目报量按合同约定，常见的上报方式有三种：1）手动输入比例。措施总价通过取费系数确定，每期按照上报比例记取当期措施费。2）按分部分项完成比例。措施费随分部分项的完成比例进行支付。3）按实际发生记取。施工方列出分期内措施项目的内容并据实上报。如图 5-11 所示。

（9）上报其他项目费。操作同分部分项工程，如图 5-12 所示。

3. 人、材、机调差

在建设项目中，一些人、材、机的价格可能会在短时间内发生比较大的变化，合同通常会对这些材料的调整进行约定。具体调差顺序如下：

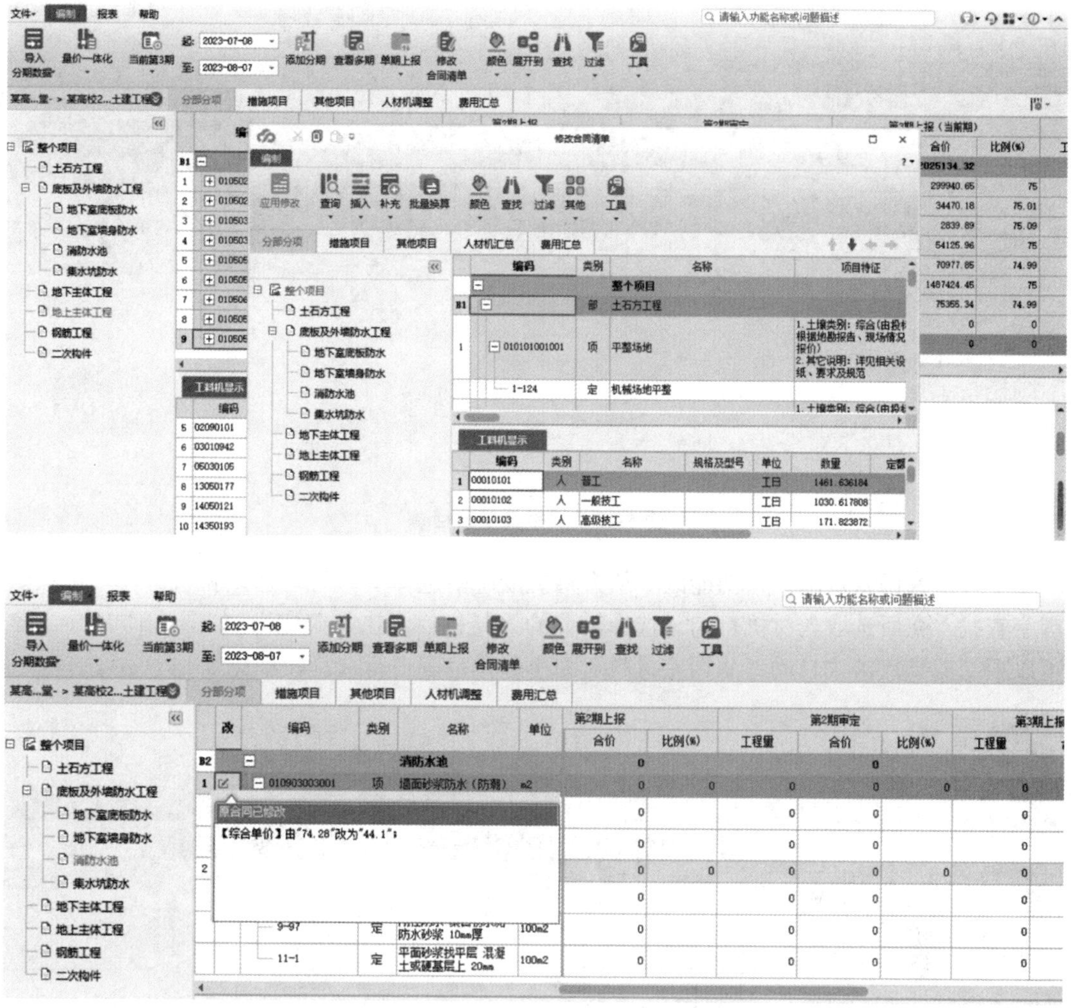

图 5-10　修改合同清单

序号	类别	名称	单位	费率(%)	合同 工程量	合同 单价	计量方式	第1期上报（当前期） 工程量	第1期上报（当前期） 合价	第1期上报（当前期） 比例(%)	第1期审定（当前期） 工程量	第1期审定（当前期） 合价	第1期审定（当前期） 比例(%)
		措施项目							254955.77			254955.77	
一		总价措施费							254955.77			254955.77	
1 011707001001		安全文明施工费	项		1	333238.67	手动输入比例		199943.2	60		199943.2	6
2 01		其他措施费（费率类）	项		1	153364.12			55012.57			55012.57	
3 011707002001		夜间施工增加费	项	25	1	38341.03	按分部分项完成比例		14630.94	38.16		14630.94	38.1
4 011707004001		二次搬运费	项	50	1	76682.06	按分部分项完成比例		29261.87	38.16		29261.87	38.1
5 011707005···		冬雨季施工增加费	项	25	1	38341.03			11119.76			11119.76	
6 02		其他（费率类）	项		1	0			0			0	
二		单价措施费							0			0	

图 5-11　上报措施项目费

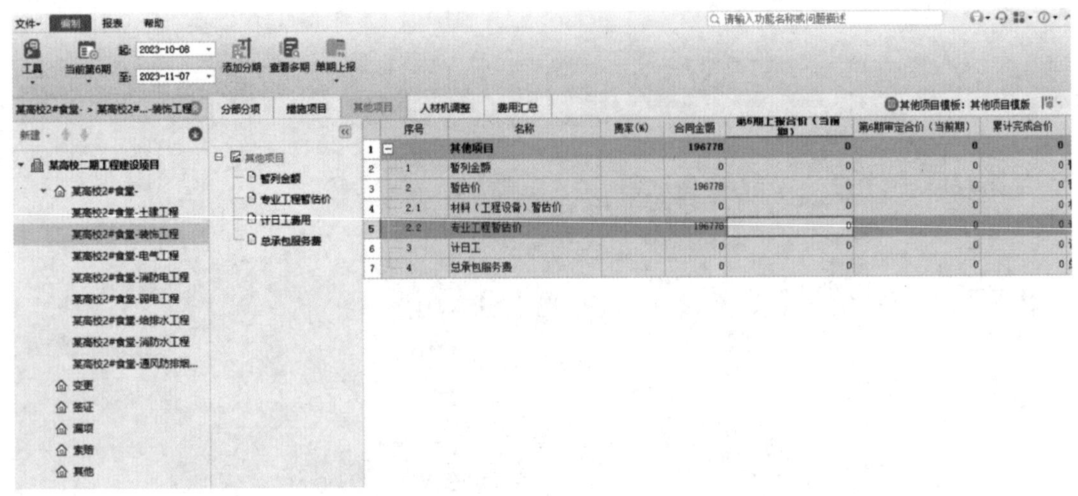

图 5-12　上报其他项目费

（1）设置调差范围。在功能区“从人材机汇总中选择”→可勾选人材机分类，或按关键字查找，在所选取人材机打勾→选择需要的人材机后点击“确定”，如图 5-13 所示。也可以根据需要点击“自动过滤调差材料”缩小选择范围进行选择，如图 5-14 所示。

图 5-13　设置调差范围

（2）设置风险度范围。建设项目在合同中会对需要调差的人材机的价格风险范围进行规定，按合同约定进行调整。在功能区选择“风险幅度范围”→输入风险幅度范围→点击“确定”，如图 5-15 所示。

（3）设置调差方法。合同中约定的价差调整方法是结算价减合同超出风险幅度范围时进行调差。在功能区选择“当期价与基期价差额调整方法”，如图 5-16 所示。

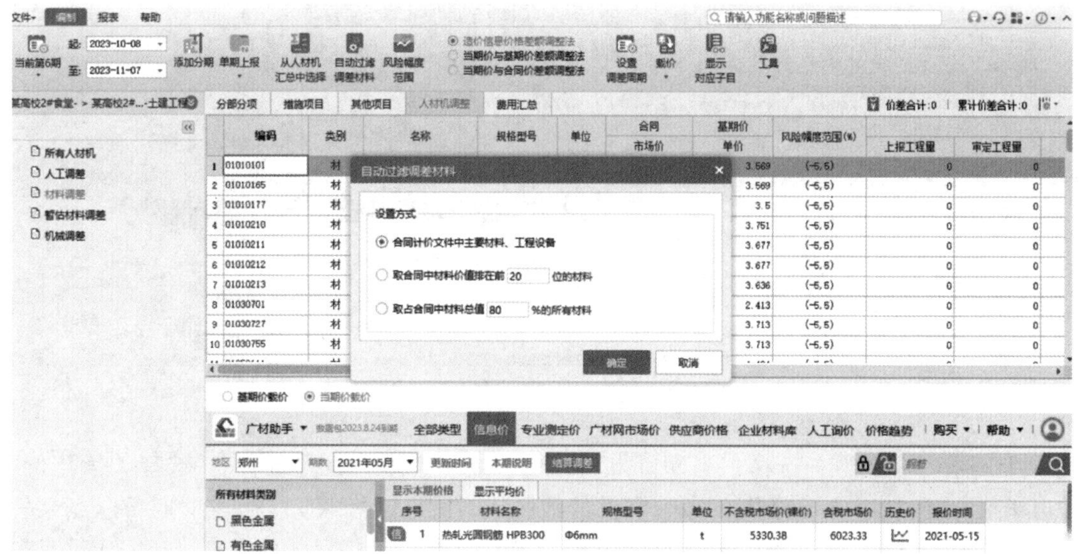

图 5-14　自动过滤调差范围

图 5-15　设置风险度范围

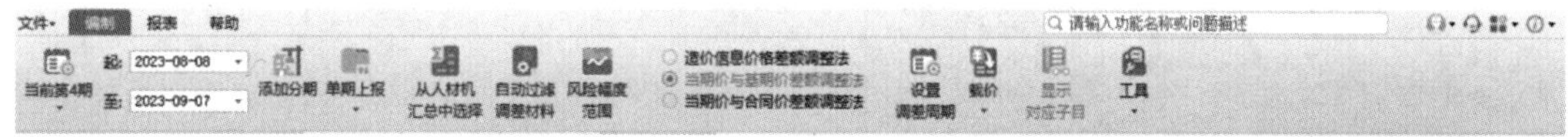

图 5-16　设置调差方法

（4）设置调差周期。某些需要调差的人材机在合同中约定某周期内进行调整或贯穿建设项目的几个周期。在功能区选择“设置调差周期”→选择调差的“起始周期”和“结束周期”，点击“确定”。如图 5-17 所示。

（5）进度计量载价。进度计量在进行价差调整时，可能需要载入某些材料的某期信息价（市场价），还可能需要将某些材料各期的信息价（市场价）加权平均后进行载价。在

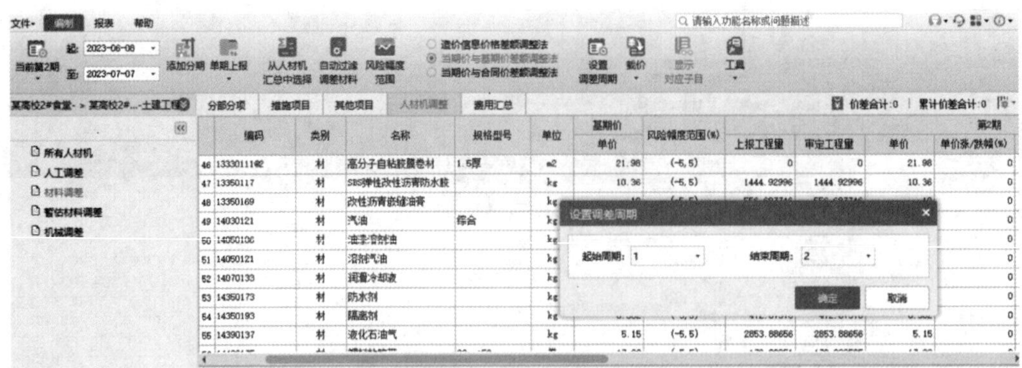

图 5-17　设置调差周期

功能区选择“载价”→选择“当期价批量载价”或“基期价批量载价”，选择“信息价”“市场价”或“专业测定价”的载价文件的地区或时间，选择载价文件的时间可以点某一期或点击“加权平均”后选择多期进行加权平均计算载价价格，载价信息选择完成后点击“下一步”完成载价。如图 5-18 所示。

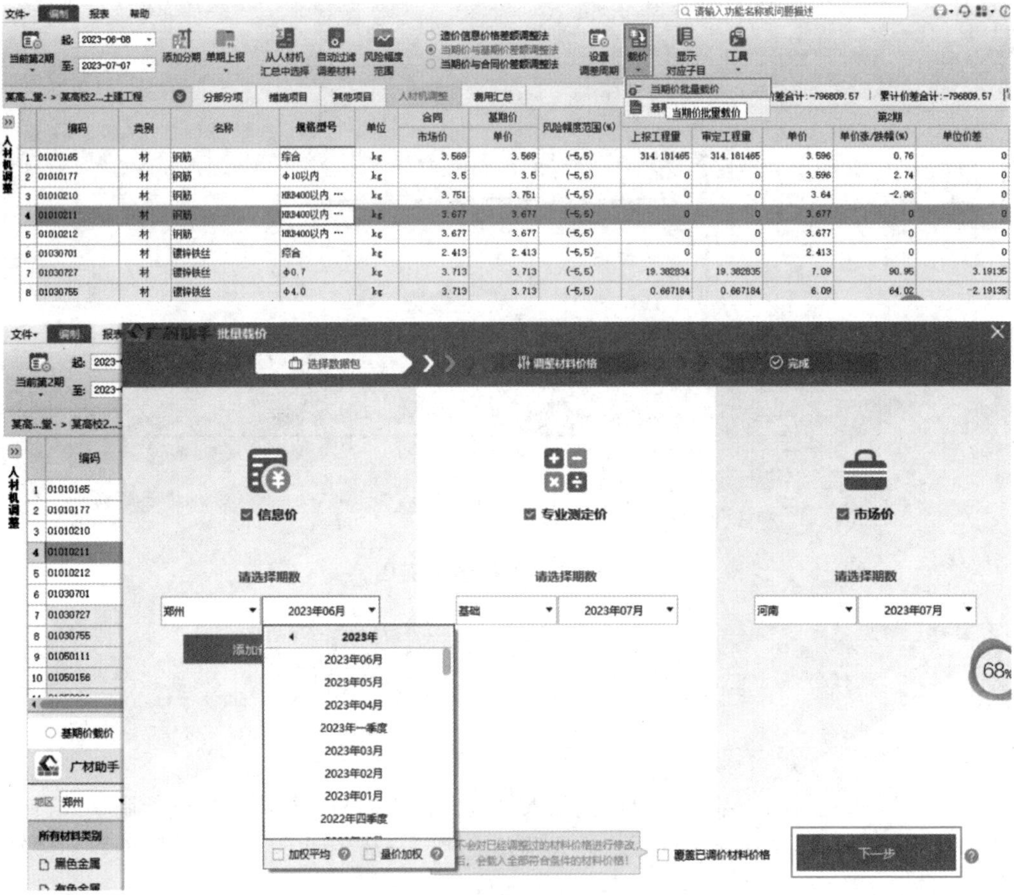

图 5-18　进度计量载价（一）

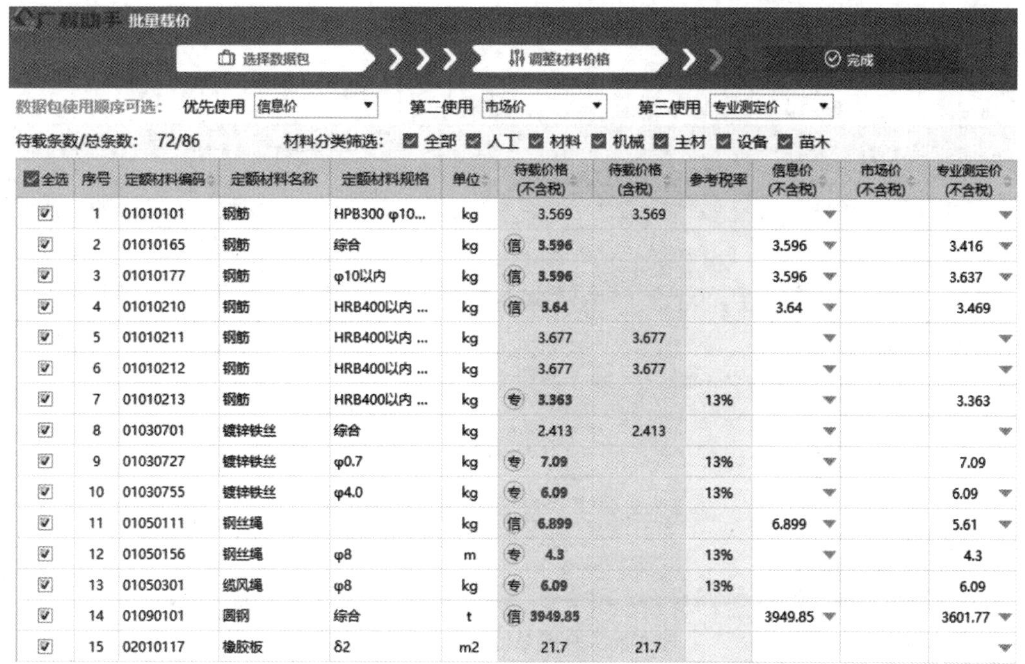

图 5-18　进度计量载价（二）

（6）手动调价。根据实际情况可进行手动调价，直接在“单价”中进行输入，如图 5-19 所示。

图 5-19　手动调价

4. 分期单位工程费用汇总

分期单位工程费用汇总如图 5-20 所示。

5. 合同外业务处理

若过程中发生变更签证等，可使用合同外导入，将做好的签证变更导入，当期一同上

	序号	费用代号	名称	计算基数	基数说明	费率(%)	合同金额	第1期上报合价	第1期审定合价	第2期上报合价	第2期审定合价
1	1	A	分部分项工程	FBFXHJ	分部分项合计		13,899,314.20	5,302,729.61	5,302,729.61	1,152,694.43	1,152,694.43
2	2	B	措施项目	CSXMHJ	措施项目合计		1,716,554.41	258,466.95	258,466.95	31,154.82	31,154.81
3	2.1	B1	其中：安全文明施工费	AQWMSGF	安全文明施工费		332,228.67	199,943.20	199,943.20	21,337.58	21,337.58
4	2.2	B2	其他措施费（费率类）	QTCSF + QTF	其他措施费+其他（费率类）		152,264.12	58,523.75	58,523.75	9,217.24	9,217.23
5	2.3	B3	单价措施费	DJCSHJ	单价措施合计		1,229,981.62	0.00	0.00	0.00	0.00
6	3	C	其他项目	C1 + C2 + C3 + C4 + C5	其中：1）暂列金额+2）专业工程暂估价+3）计日工+4）总承包服务费+5）其他		0.00	0.00	0.00	0.00	0.00
7	3.1	C1	其中：1）暂列金额	ZLJE	暂列金额		0.00	0.00	0.00	0.00	0.00
8	3.2	C2	2）专业工程暂估价	ZYGCZGJ	专业工程暂估价		0.00	0.00	0.00	0.00	0.00
9	3.3	C3	3）计日工	JRG	计日工		0.00	0.00	0.00	0.00	0.00
10	3.4	C4	4）总承包服务费	ZCBFWF	总承包服务费		0.00	0.00	0.00	0.00	0.00
11	3.5	C5	5）其他				0.00	0.00	0.00	0.00	0.00
12	4	D	规费	D1 + D2 + D3	定额规费+工程排污费+其他		413,144.25	119,702.76	119,702.76	26,456.02	26,456.02
16	5	E	不含税工程造价合计	A + B + C + D	分部分项工程+措施项目+其他项目+规费		16,029,042.86	5,681,899.22	5,681,899.22	1,211,305.27	1,211,305.26
17	6	F	增值税	E	不含税工程造价合计	9	1,442,613.86	511,370.94	511,370.94	109,017.47	109,017.47
18	7	G	含税工程造价合计	E + F	不含税工程造价合计+增值税		17,471,656.72	6,193,270.26	6,193,270.26	1,320,322.74	1,320,322.73
19	8	JCHJ	价差取费合计	JDJC+JCZZS	进度价差+价差增值税		0.00	0.00	0.00	-868,522.43	-868,522.43
20	8.1	JDJC	进度价差	JL_JDJCHJ	验工计价价差合计		0.00	0.00	0.00	-796,809.57	-796,809.57
21	8.2	JCZZS	价差增值税	JDJC	进度价差	9	0.00	0.00	0.00	-71,712.86	-71,712.86
22	9	TCHGCZJ	含税工程造价(调差后)	G + JCHJ	含税工程造价合计 + 价差取费合计		0.00	6,193,270.26	6,193,270.26	451,800.31	451,800.30

图 5-20　分期单位工程费用汇总

报；项目自动汇总项目内和项目外部分。选择工程项目节点，新建导入的类型或重命名类型名称→点击“变更”，选择“导入变更”→选择需要导入的工程，点击“打开”→选择需要导入的工程，点击“确定”，提示导入成功，如图 5-21 所示。

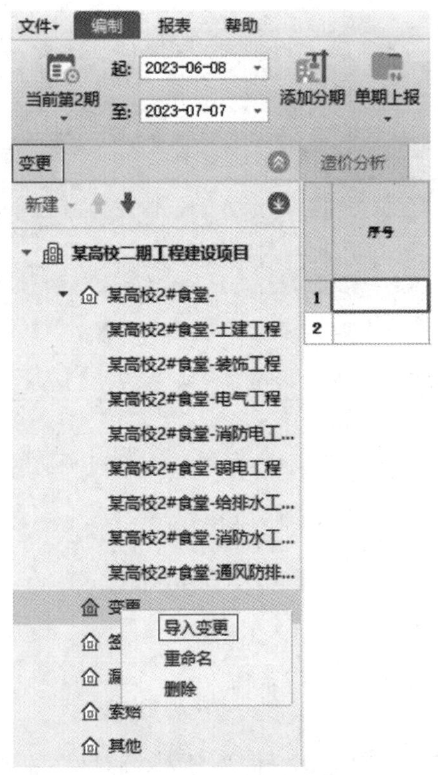

图 5-21　合同外变更

6. 输出报表

报表分别统计合同金额、至上期累计金额、当期金额以及总累计金额。点击“报表”，可以浏览和输出报表，如图 5-22 所示。

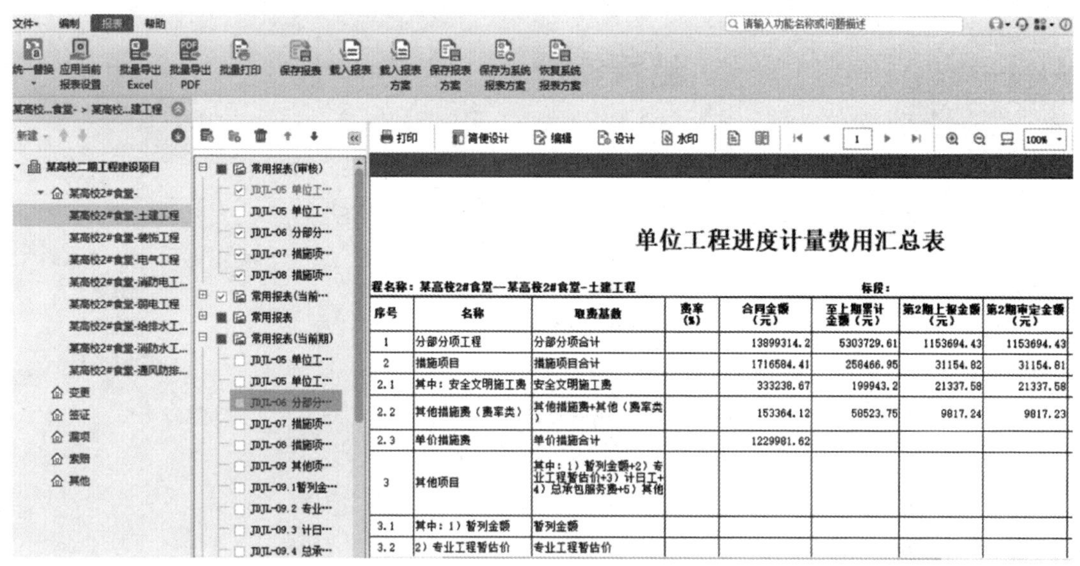

单位工程进度计量费用汇总表

程名称：某高校2#食堂—某高校2#食堂-土建工程　　标段：

序号	名称	取费基数	费率(%)	合同金额（元）	至上期累计金额（元）	第2期上报金额（元）	第2期审定金额（元）
1	分部分项工程	分部分项合计		13899314.2	5303729.61	1153694.43	1153694.43
2	措施项目	措施项目合计		1716584.41	258466.95	31154.82	31154.81
2.1	其中：安全文明施工费	安全文明施工费		333238.67	199943.2	21337.58	21337.58
2.2	其他措施费（费率类）	其他措施费+其他（费率类）		153364.12	58523.75	9817.24	9817.23
2.3	单价措施费	单价措施合计		1229981.62			
3	其他项目	其中：1）暂列金额+2）专业工程暂估价+3）计日工+4）总承包服务费+5）其他					
3.1	其中：1）暂列金额	暂列金额					
3.2	2）专业工程暂估价	专业工程暂估价					

图 5-22　浏览和输出报表

5.5.2　基于 BIM 的竣工结算计价

建设工程竣工结算是指某单项工程、单位工程或分部分项工程完工，经验收质量合格，并符合合同要求后，承包单位向发包单位进行最终工程价款结算的过程。结算内容包括合同内结算和合同外结算。合同内结算包括分部分项工程、措施项目、其他项目、人材机价差、规费和税金。合同外结算包括变更签证、工程量偏差、索赔等。这里以河南某高校二号食堂为例，应用软件进行竣工结算的编制。

1. 新建结算计价文件

新建结算计价文件可以通过四种方式：

（1）打开软件→选择“新建结算”→点击“浏览”，选择招标投标文件→点击“立即新建”，如图 5-23 所示。

（2）点击“最近文件”→找到招标投标项目→右键点击“转为结算计价”，如图 5-24 所示。

（3）打开投标项目文件→打开菜单栏“文件”并下拉→选择“转为结算计价”，如图 5-25 所示。

（4）打开“进度计量”文件→打开菜单栏“文件”并下拉→选择“转为结算计价”，如图 5-26 所示。

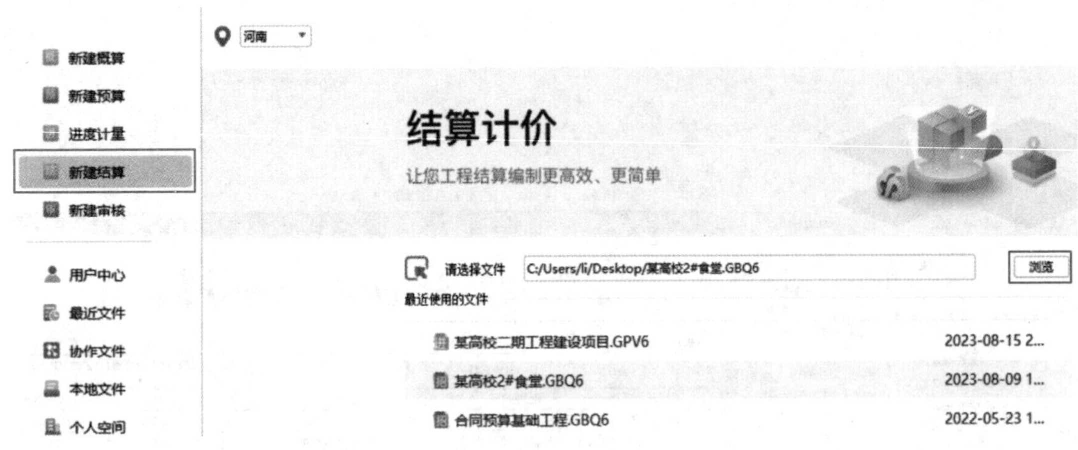

图 5-23　新建结算计价文件的方式一

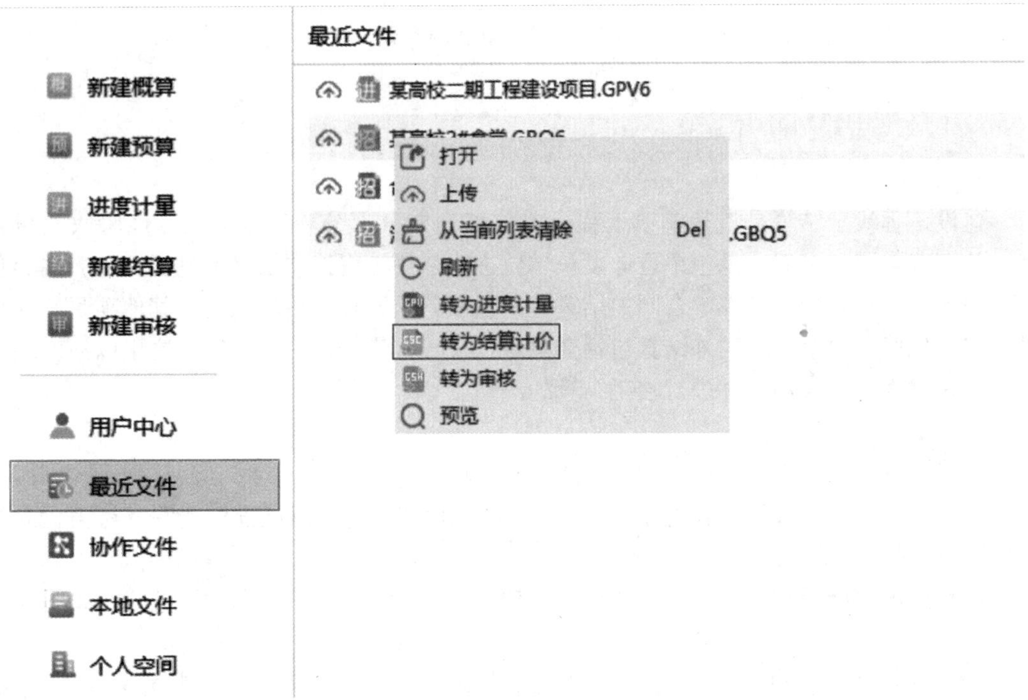

图 5-24　新建结算计价文件的方式二

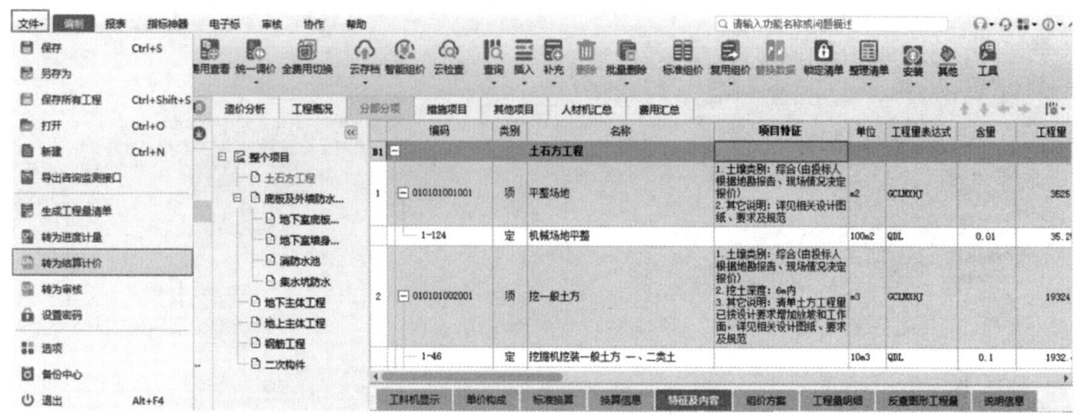

图 5-25　新建结算计价文件的方式三

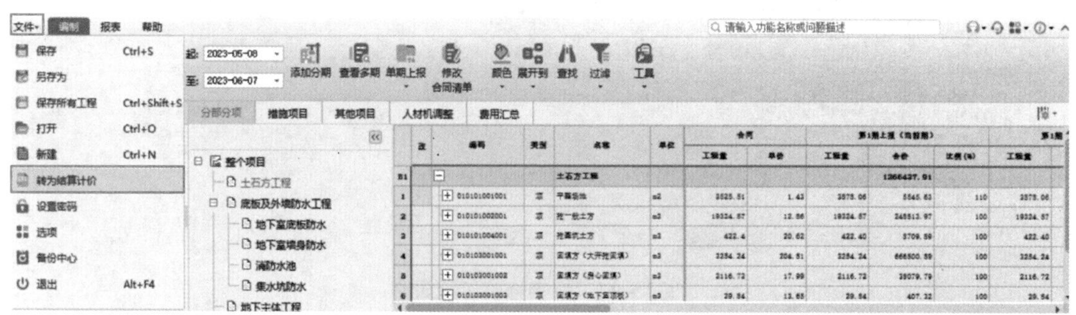

图 5-26　新建结算计价文件的方式四

2. 调整合同内造价

（1）分部分项工程费结算

某分部分项中工程项目中 C35 微膨胀混凝土后浇带梁，投标时工程量为 3.35m^3，结算时工程量为 4.3m^3，故按照施工合同要求，将工程量增加 15%以外的综合单价下调；分部分项中工程项目中墙体厚度 100mm 的加气混凝土砌块投标时工程量为 4.89m^3，结算时工程量为 4.0m^3，故按照施工合同，将工程量减少 15%以外的综合单价上浮。这里以这两项工程量偏差为例进行分部分项工程量的调整。

1）修改工程量的方式有两种

① 完成结算工程量的填写，按实际发生情况直接修改工程量。选择单位工程“某高校 2 号食堂-土建工程”→选择“分部分项”→在“结算工程量”中根据实际计算量进行修改，如图 5-27 所示。

②结算的工程量根据竣工图纸及合同，重新提取工程量。建设项目在竣工结算时使用图形算量软件 GTJ 针对竣工图纸重新计算工程量，在编辑结算时需要提取 GTJ 软件中的相应工程量。选择“提取结算工程量”→选择“从算量文件提取”→打开算量文件→选择“自动匹配设置”→设置匹配原则→匹配。

提取结算工程量并匹配设置如图 5-28 所示。

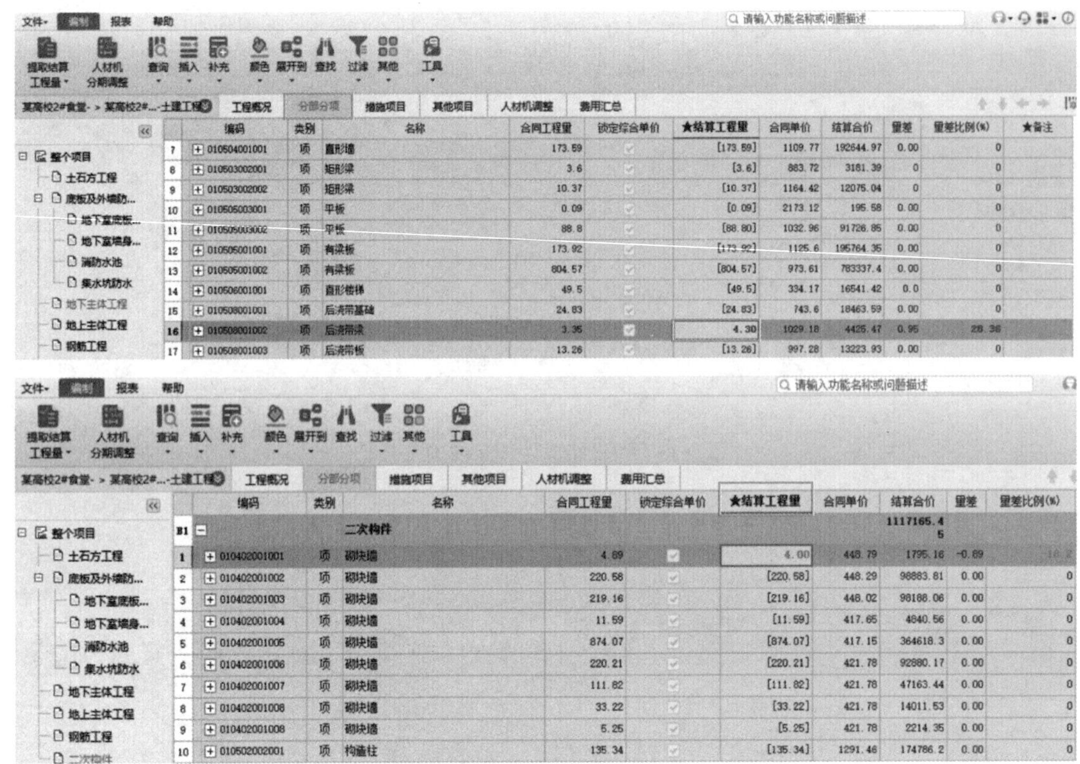

图 5-27　直接修改工程量

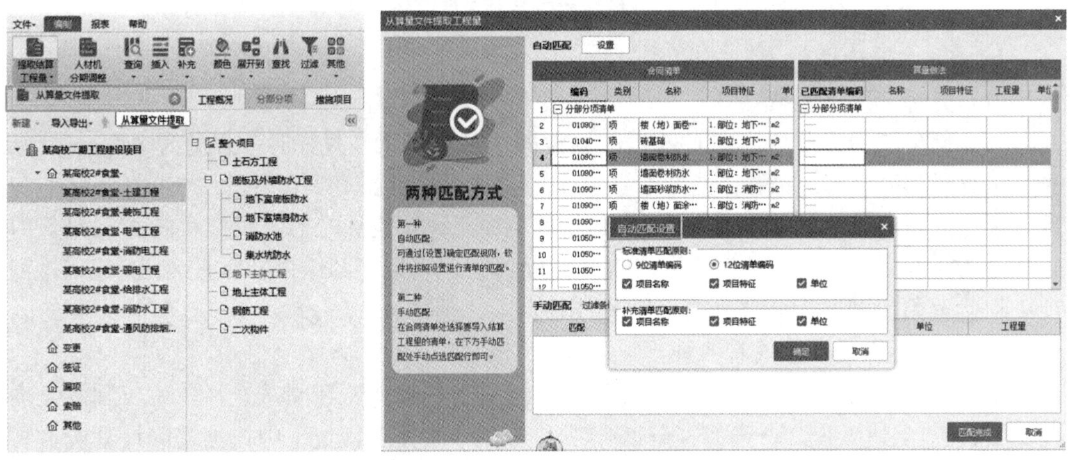

图 5-28　提取结算工程量并匹配设置

2）结算设置，工程量偏差

软件中量差超过范围时会给出提示，变量区间在软件中也可自行设置。超过范围以外的显示红色，低于范围以外的绿色显示。单击“文件”，在下拉菜单中选择“选项”→在弹出的“选项”对话框中选择“结算设置”→修改工程量偏差的幅度与合同一致，如图 5-29 所示。

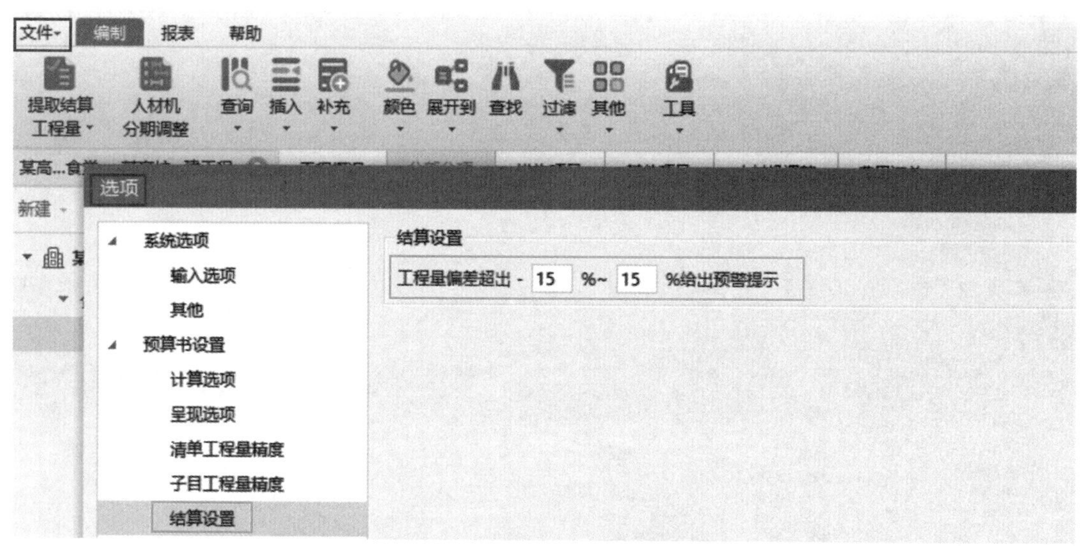

图 5-29　工程量偏差预警范围设置

（2）措施项目费结算

合同文件对措施费的规定一般分两种情况：合同约定措施固定总价，工程结算时造价人员直接按合同签订时的价格进行结算；合同约定按工程实际情况进行计算措施费。软件中结算方式分为总价包干、可调措施以及按实际发生，软件可支持统一设置，也可支持单一设置，如图 5-30 所示。

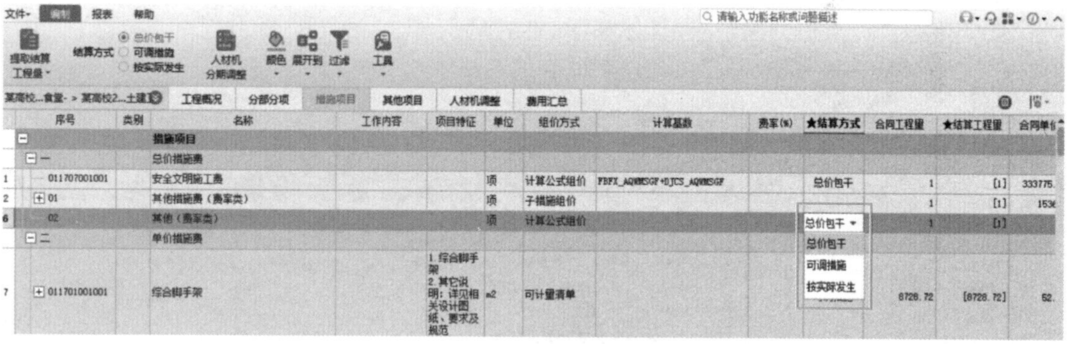

图 5-30　措施项目设置

（3）其他项目费结算

软件中，暂列金额，专业工程暂估价，总承包服务费与预算文件或进度文件的量和价同步，计日工费用可根据实际情况进行输入。以下列专业暂估价为例进行调整，如图 5-31 所示。

（4）人材机调差

根据合同规定，项目进行竣工结算时，应对某些材料（人工、机械）进行价格调整，根据合同文件选择需要调整的材料（人工、机械）。具体程序如下：设置调差范围→设置

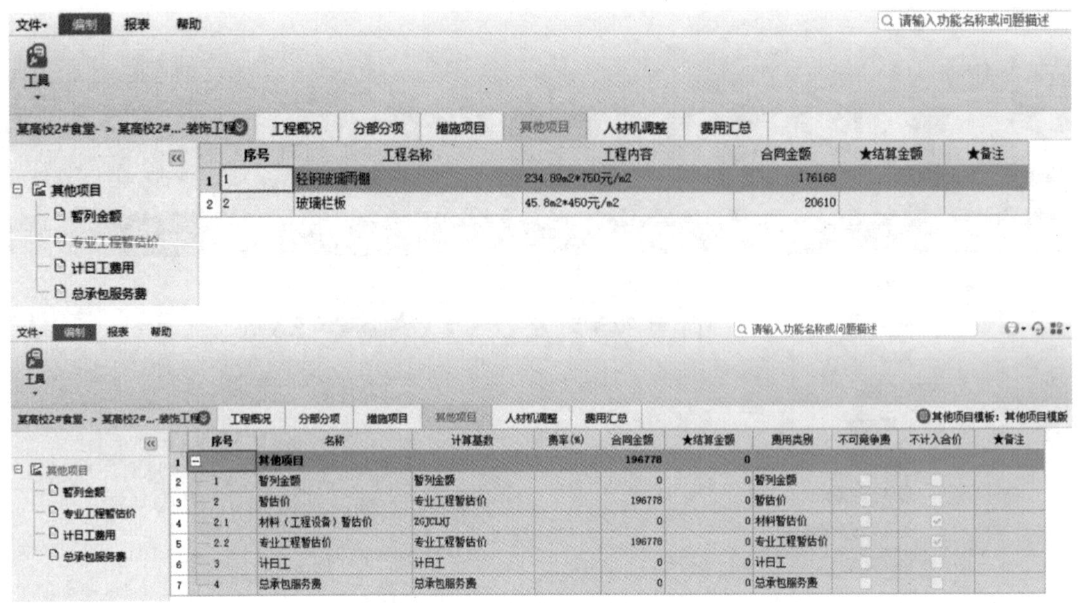

图 5-31　其他项目费的调整

风险幅度范围→选择调差方法→设置调差周期→确定材料价格→价差取费。

1）设置调差范围。在功能区点击“从人材机汇总中选择”→可以勾选人工、材料、机械分类缩小选择范围，也可以按关键字查找，在所选人材机前打勾，也可以根据情况从“自动过滤调差材料”进行设置，如图 5-32 所示。

2）设置风险幅度范围。建设项目的合同文件对需要调差的材料（人工、机械）的价格风险幅度范围进行规定，根据合同要求进行设置。在功能区选择“风险幅度范围”→输入风险幅度范围，点击“确定”，具体如图 5-33 所示。

图 5-32　调差范围的设置（一）

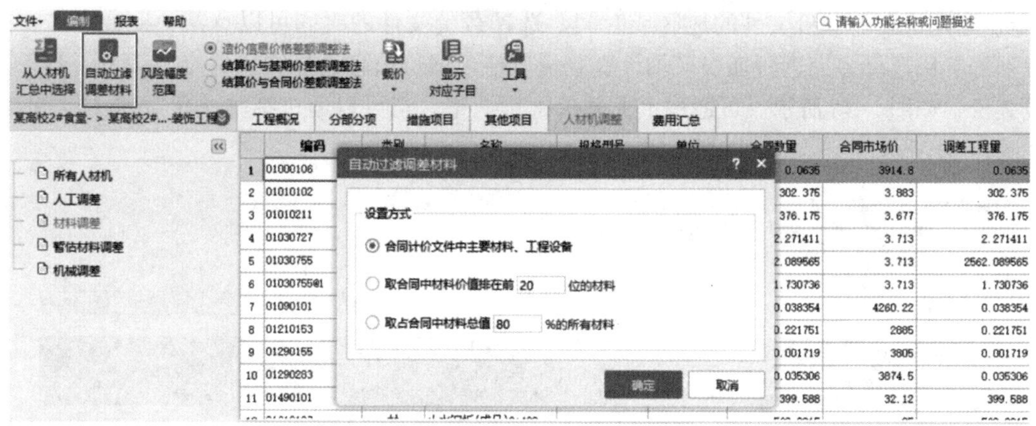

图 5-32　调差范围的设置（二）

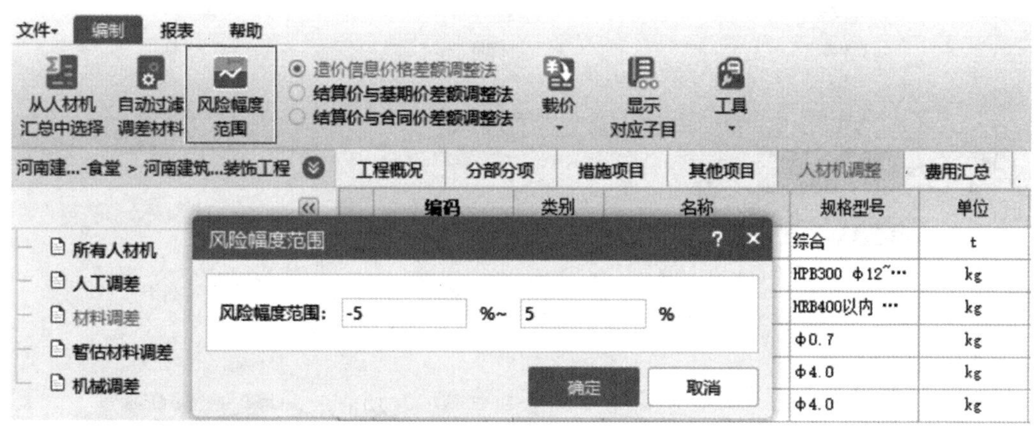

图 5-33　风险幅度范围设定

3）选择调整方法。根据合同要求选择合理的差额调整法，软件中有三种情况进行选择，根据合同要求我们选择造价信息价格差额调整法。这里以钢筋为例针对结算价进行调整，如图 5-34 所示，超出范围部分自动计算价差。

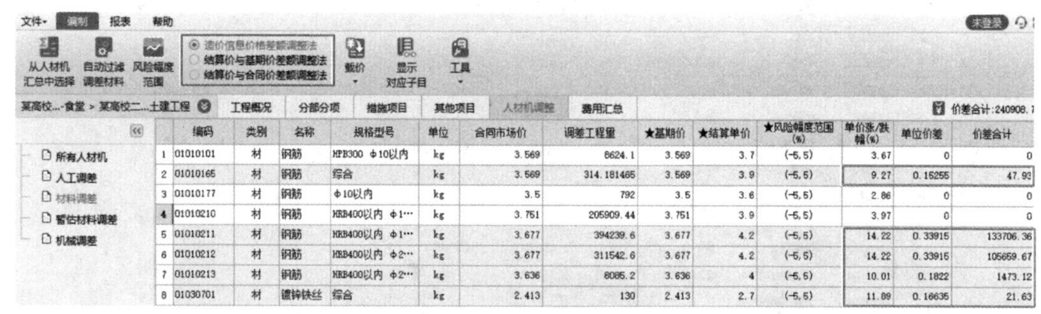

图 5-34　调差方法的选择

4）载价。结算计价在进行价差调整时，需要载入某些材料的某期信息价（市场价），还可能需要将某些材料各期的信息价（市场价）加权平均后进行载价。在功能区选择“载价”，选择“结算单价批量载价”或“基期价批量载价”，选择“信息价”“市场价”或

"专业测定价"的载价文件的地区或时间，选择载价文件的时间可以点某一期或点击"加权平均"后选择多期进行加权平均计算载价价格，载价信息选择完成后点击"下一步"完成载价，如图 5-35 所示。可通过上面载价批量调整，也可以通过结算单价载价手动调整，如图 5-36 所示。

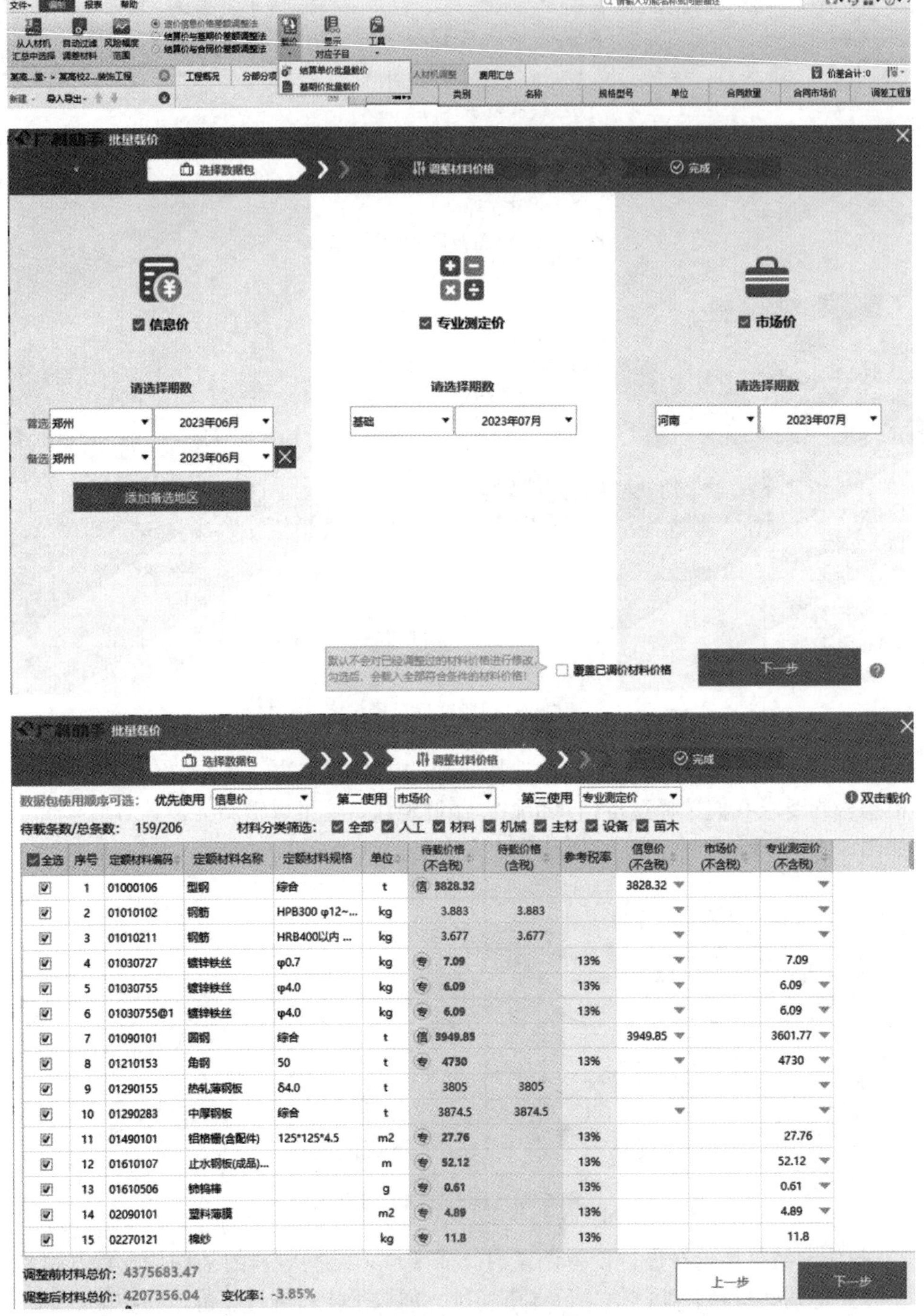

图 5-35 批量载价

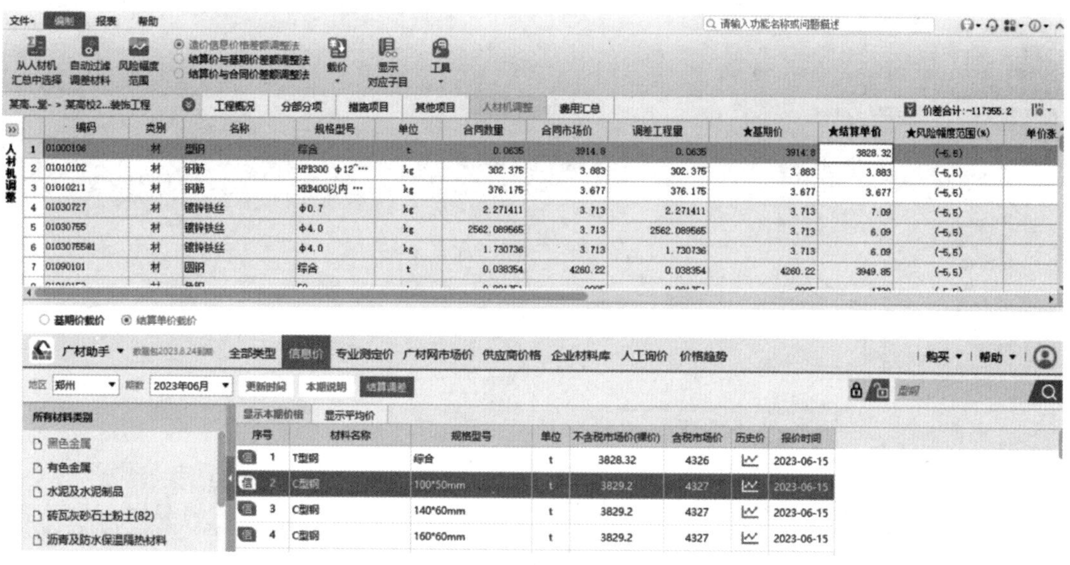

图 5-36　手动调整

5）材料分期调差。根据合同约定某种材料不同时期进行价差调整的按发生数量分期进行载价并调整价差。采用竣工结算分期调整的一般是甲乙双方在施工过程中约定不进行价差调整，在竣工结算时统一调整。①在“分部分项”工程界面选择“人材机分期调整”→选择“分期”→输入“总期数”→选择“分期输入方式”（根据实际情况可选择按分期工程量或比例输入），如图 5-37 所示。②在下方属性窗口“分期工程量明细”中，选择按分期工程量或按比例输入，进行分期输入，如图 5-38 所示。③分期工程量输入完成，在人、材、机汇总界面，选择“分期查看”可查看每个分期的人材机数量，如图 5-39 所示。④选择“单期/多期调差设置”，在调差工作界面汇总每期调差工程量，如图 5-40 所示。⑤选择“材料调差”的任一期，对人材机分期调整并计算差价，如图 5-41 所示。

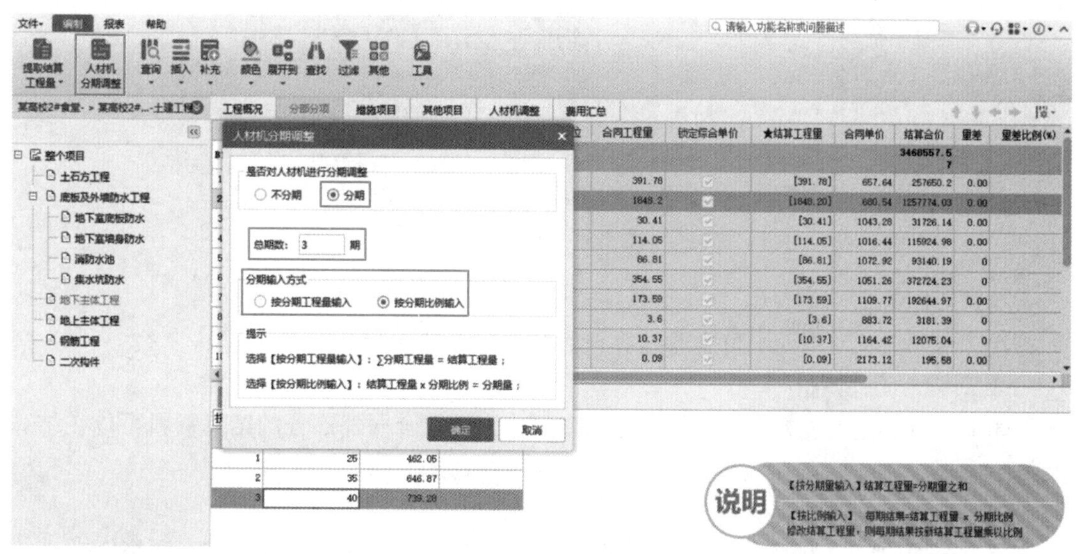

图 5-37　设置分期

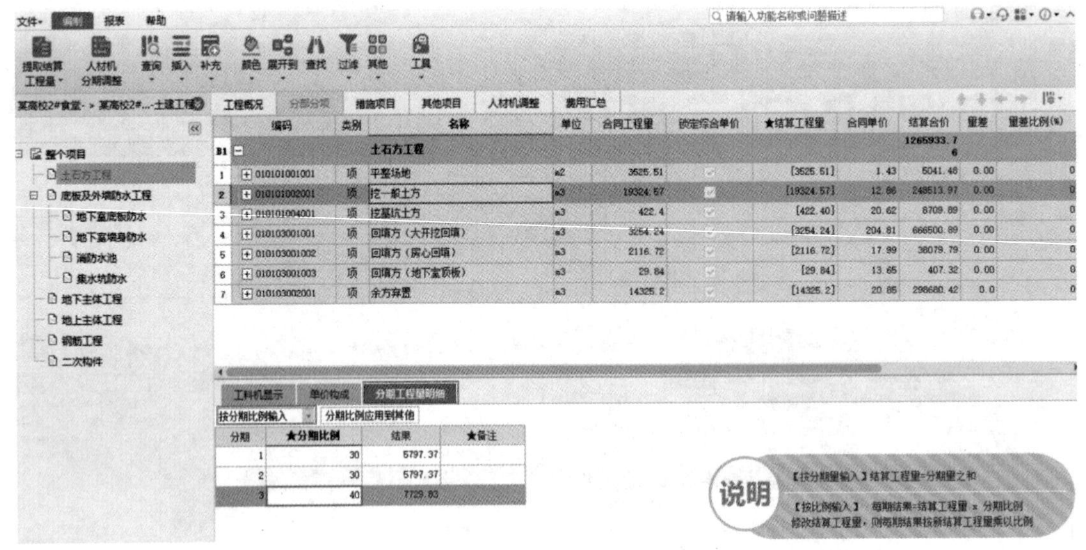

图 5-38 分期工程量设置

图 5-39 分期量查看

（5）费用汇总

在“费用汇总”页面中可查看结算金额，如图 5-42 所示。

3. 调整合同外造价

建设项目在施工过程中发生的签证、变更、索赔等合同外部分的结算资料可以在结算时统一上报。

（1）工程量偏差的调整

超过合同约定的范围、需要调整的工程量，可以通过快速过滤的方式来调整价格。

图 5-40　单期、多期调差设置

图 5-41　分期调整并计算价差

	★序号	★费用代号	★名称	★计算基数	★基数说明	★费率(%)	合同金额	结算金额	★费用类别	★备注
1	1	A	分部分项工程	FBFXHJ	分部分项合计		13,911,498.77	13,912,077.07	分部分项工程费	
2	2	B	措施项目	CSXMHJ	措施项目合计		1,717,367.89	1,717,367.89	措施项目费	
3	2.1	B1	其中：安全文明施工费	AQWMSGF	安全文明施工费		333,775.27	333,775.27	安全文明施工费	
4	2.2	B2	其他措施费（费率类）	QTCSF + QTF	其他措施费+其他（费率类）		153,611.00	153,611.00	其他措施费	
5	2.3	B3	单价措施费	DJCSHJ	单价措施合计		1,229,981.62	1,229,981.62	单价措施费	
6	3	C	其他项目	C1 + C2 + C3 + C4 + C5	其中：1）暂列金额+2）专业工程暂估价+3）计日工+4）总承包服务费+5）其他		0.00	0.00	其他项目费	
12	4	D	规费	D1 + D2 + D3	定额规费+工程排污费+其他		413,809.60	413,816.95	规费	不可竞争费
16	5	E	不含税工程造价合计	A + B + C + D	分部分项工程+措施项目+其他项目+规费		16,042,676.26	16,043,261.91		
17	6	F	增值税	E	不含税工程造价合计	9	1,443,840.86	1,443,893.57	增值税	一般计税方法
18	7	G	含税工程造价合计	E + F	不含税工程造价合计+增值税		17,486,517.12	17,487,155.48	工程造价	
19	8	JCHJ	价差取费合计	JC+JCZZS	结算价差+价差增值税		0.00	6,336.07	价差取费合计	
22	9	TCHGCZJ	含税工程造价合计(调差后)	G + JCHJ	含税工程造价合计 + 价差取费合计		0.00	17,493,491.55	调差后工程造价	

图 5-42　费用汇总

1）复用合同清单

① 软件中通过“变更”→新建“工程量偏差”→“确定”，如图 5-43 所示。

② 造价人员利用“复用合同清单”功能，找出量差比超过 15%的项目，单击“复用合同清单”，选择“全选”就可以选中所有项目，选择复用清单规则，单击“确定”，如图 5-44 所示，此后会弹出“合同内采用的是分期调差，合同外复用部分工程量如需在原清单中扣减，请手动操作”的提示，此时，需要在原清单中手动扣除工程量。不采用分期的话，软件会自动扣除。

图 5-43 新建工程量偏差

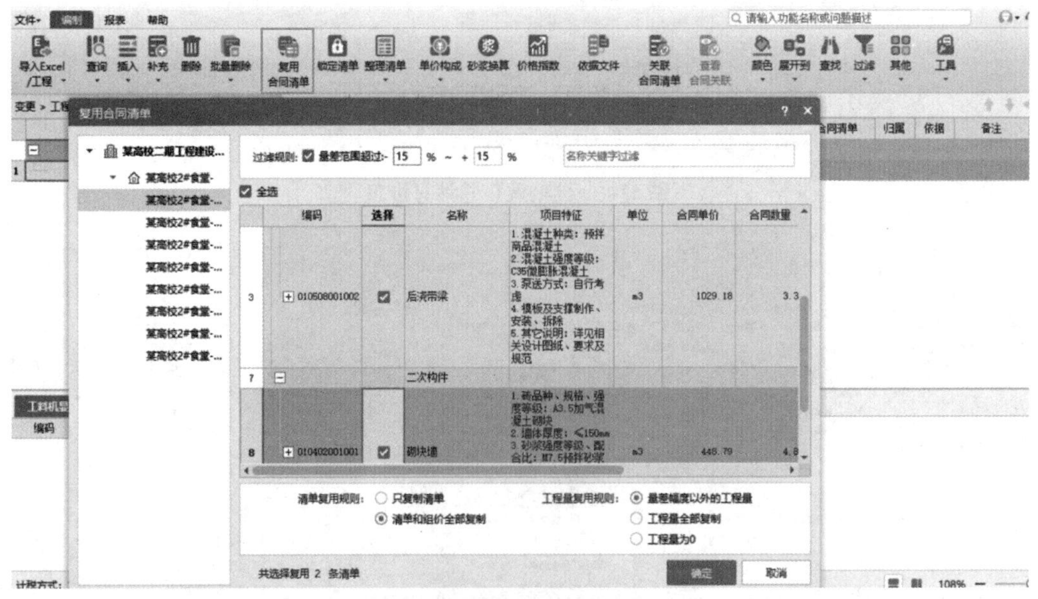

图 5-44 复用合同清单（一）

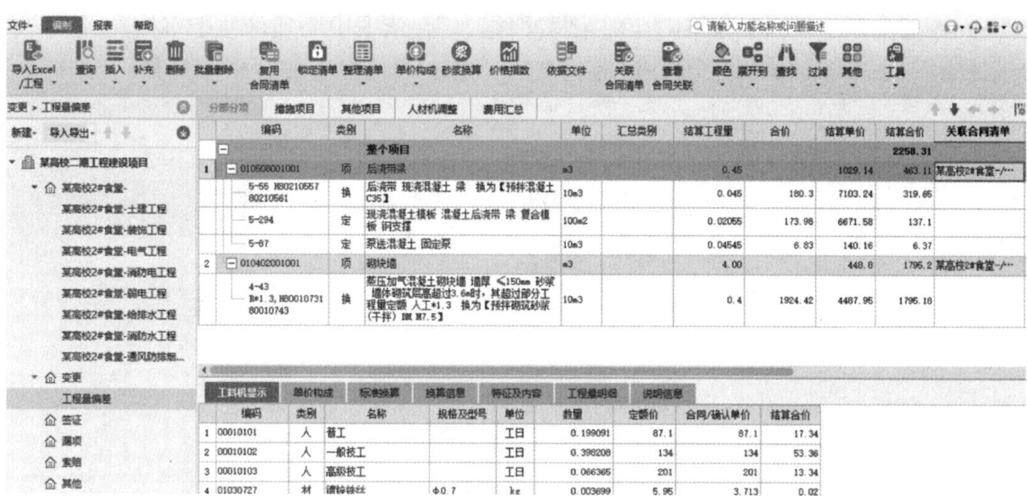
图 5-44　复用合同清单（二）

2）关联合同清单和查看关联合同关联，如图 5-45 和图 5-46 所示。

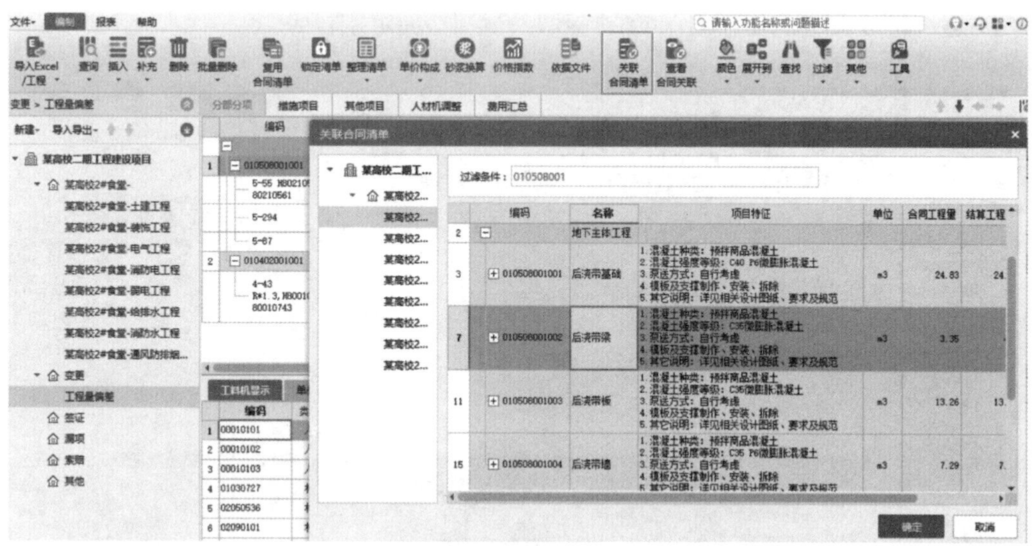
图 5-45　关联合同清单

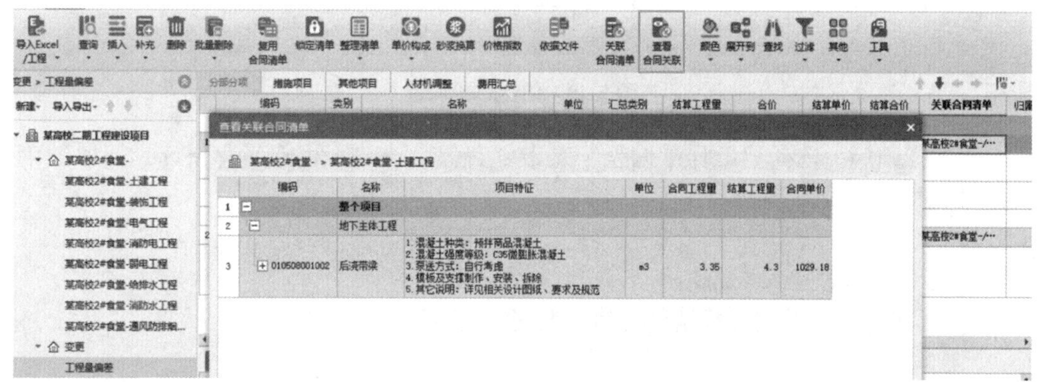
图 5-46　查看合同关联

3）添加依据文件（如果有对应的依据文件，可在依据中添加，便于审核）。依据文件可以通过图片、Excel文件等附件资源包上传。点击工具栏中的“依据文件”，如图5-47所示。

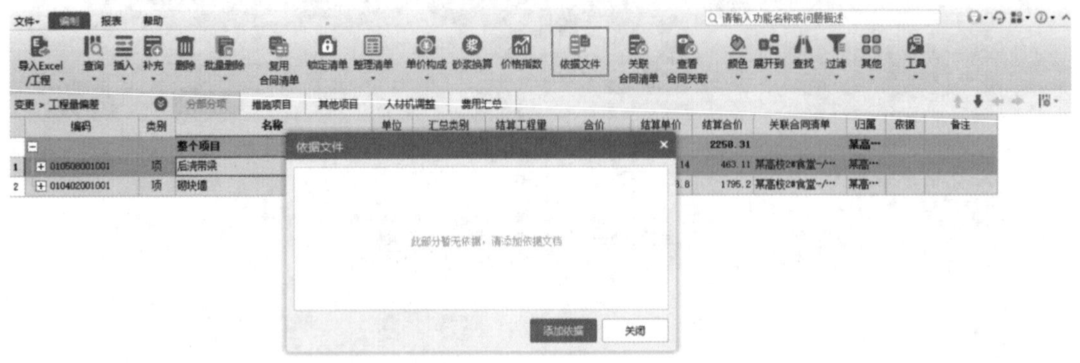

图5-47　添加依据文件

4）综合单价调整。根据合同要求工程量超过15%的部分，综合单价调整为原来的97%，减少超过15%的部分综合单价调整为103%。如图5-48所示。

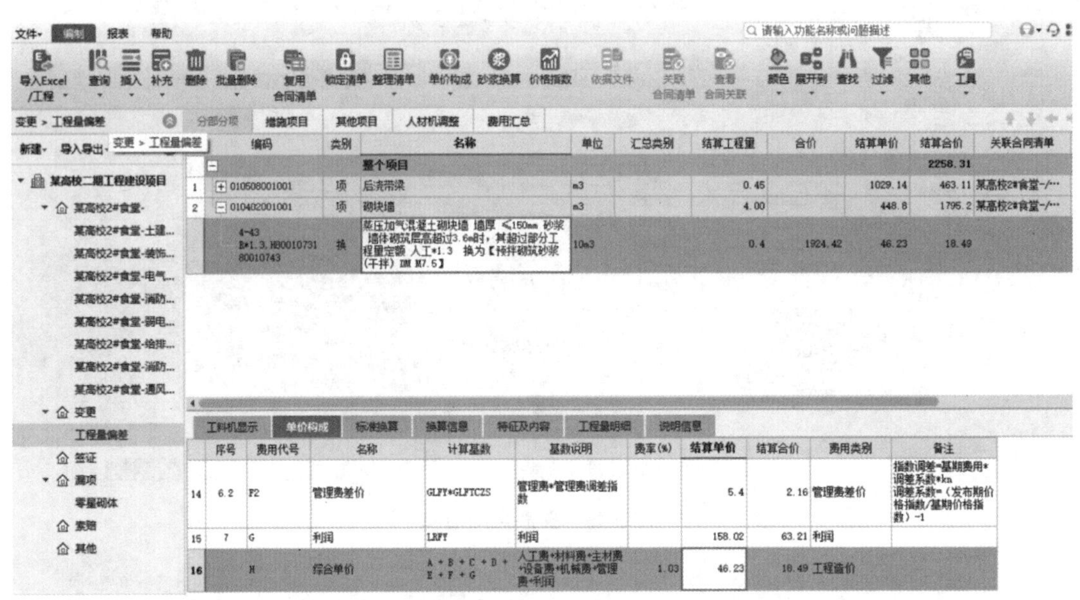

图5-48　综合单价调整

5）工程归属。选择“工程量偏差”点击“右键”→“工程归属”→选择归属的单位工程，如图5-49所示。

（2）软件支持新建及导入变更、签证、索赔来处理合同外的内容，具体情况同上。

4. 费用汇总

在“费用汇总”页面查看结算金额，如图5-50所示。

5. 结算文件的导入导出

一些大型项目竣工结算造价编制一般是由不同专业多人分工编制完成的，可将原合同

图 5-49　工程归属

	★序号	★费用代号	★名称	★计算基数	★基数说明	★费率(%)	合同金额	结算金额	★费用类别	★备注
1	1	A	分部分项工程	FBFXHJ	分部分项合计		13,911,496.77	13,912,077.07	分部分项工程费	
2	2	B	措施项目	CSXMHJ	措施项目合计		1,717,367.89	1,717,367.89	措施项目费	
3	2.1	B1	其中：安全文明施工费	AQWMSGF	安全文明施工费		333,775.27	333,775.27	安全文明施工费	
4	2.2	B2	其他措施费（费率类）	QTCSF + QTF	其他措施费+其他（费率类）		153,611.00	153,611.00	其他措施费	
5	2.3	B3	单价措施费	DJCSHJ	单价措施合计		1,229,981.62	1,229,981.62	单价措施费	
6	3	C	其他项目	C1 + C2 + C3 + C4 + C5	其中：1）暂列金额+2）专业工程暂估价+3）计日工+4）总承包服务费+5）其他		0.00	0.00	其他项目费	
12	4	D	规费	D1 + D2 + D3	定额规费+工程排污费+其他		413,809.60	413,816.95	规费	不可竞争费
16	5	E	不含税工程造价合计	A + B + C + D	分部分项工程+措施项目+其他项目+规费		16,042,676.26	16,043,261.91		
17	6	F	增值税	E	不含税工程造价合计	9	1,443,840.86	1,443,893.57	增值税	一般计税方法
18	7	G	含税工程造价合计	E + F	不含税工程造价合计+增值税		17,486,517.12	17,487,155.48	工程造价	
19	8	JCHJ	价差取费合计	JC+JCZZS	结算价差+价差增值税		0.00	6,336.07	价差取费合计	
22	9	TCHGCZJ	含税工程造价合计(调差后)	G + JCHJ	含税工程造价合计 + 价差取费合计		0.00	17,493,491.55	调差后工程造价	

图 5-50　费用汇总

文件根据不同人员的分工拆分多份，进行分发，每个人根据自己负责的专业领域（如土建、安装）进行结算文件编制，编制完成后，通过导入导出结算文件统一提交项目负责人进行合并，汇总成一份完整的结算文件，统调、审查后形成整体上报甲方，如图 5-51 所示。

图 5-51　文件的导入导出

6. 报表的浏览和输出

点击“报表”，可以浏览和输出报表，如图 5-52 所示。软件中除了常用报表之外，还提供了 13 份清单报表。

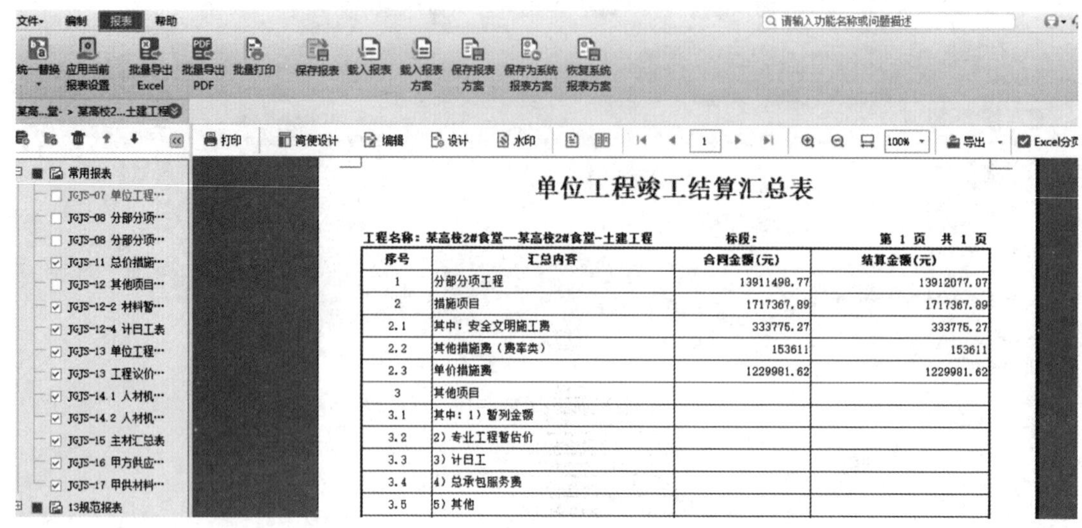

图 5-52　浏览和输出报表

思考与练习题

一、单项选择题

1. 下面选项中不属于工程结算准备阶段应包括的工作内容是（　　）。

A. 收集、归纳、整理与工程结算相关的编制依据和资料

B. 熟悉施工合同、主要设备、材料采购合同、投标文件、招标文件、建设工程设计文件及工程变更、现场签证、工程索赔、相关的会议纪要等资料

C. 掌握工程结算计价标准、规范、定额、费用标准，掌握工程量清单计价规范、工程量计算规范及国家和当地建设行政主管部门发布的计价依据及相关规定

D. 按施工合同约定，计算工程变更、现场签证及工程索赔费用

2. 下面选项中不属于工程结算编制阶段应包括的工作内容是（　　）。

A. 按施工合同约定的工程计量、计价方式计算分部分项工程工程量、措施项目及其他项目的工程量，并对分部分项工程项目、措施项目和其他项目进行计价

B. 编写编制说明，计算和分析主要技术经济指标

C. 编制人、审核人、审定人分别在成果文件上署名，并签章

D. 按施工合同约定，计算工程变更、现场签证及工程索赔费用

3. 下列关于工程结算编制方法的描述中，不正确的是（　　）。

A. 采用单价方式的，在合同约定风险范围内的综合单价应固定不变，工程量应按合同约定实际完成应予计量的工程量确定，并应对合同约定可调整的内容及超过合同约定范围的风险因素进行调整

B. 采用总价方式的，结算时合同价款不可调整

C. 采用总价方式的，应在合同总价基础上，对合同约定可调整的内容及超过合同约

定范围的风险因素进行调整

D. 采用成本加酬金方式的，应依据施工合同约定的方法计算工程成本、酬金及有关税费

4. 下列关于工程结算编制方法的描述中，不正确的是（　　）。

A. 采用工程量清单单价方式计价的工程结算，分部分项工程费应按施工合同中的工程量计量，并应按施工合同约定的综合单价计价

B. 因工程变更引起已标价工程量清单项目或其工程数量发生变化时，项目单价应按现行国家标准的相关规定进行调整

C. 材料暂估单价、设备暂估单价应按发承包双方确认的价格在对应的综合单价中进行调整

D. 对于发包人提供的工程材料、设备价款应予以扣除

5. 下列关于工程结算编制方法的描述中，不正确的是（　　）。

A. 采用工程量清单单价方式计价的工程结算，工程变更、现场签证等费用应依据施工图，以及发承包双方签证资料确认的数量和施工合同约定的计价方式进行计算，并计入相应的分部分项工程费、措施项目费、其他项目费中

B. 采用工程量清单单价方式计价的工程结算，工程索赔费用价款应依据发承包双方确认的索赔事项和施工过程中约定的计价方式进行计算，并计入相应的分部分项工程费、措施项目费、其他项目费中

C. 当工程量、物价、工期等因素发生变化，且超出施工合同约定的幅度时，应依据施工合同和《建设工程工程量清单计价规范》（GB 50500—2013）的有关规定调整综合单价或进行整体调整

D. 期中结算的编制可采用粗略测算和精准计算相结合的方式。对于工程进度款的支付可采用粗略测算方式；对于工程预付款的支付，以及单项工程、单位工程或规模较大的分部工程已完工后工程进度款的支付，均应采用精准计算方式

6. 下列选项中，不属于工程量清单单价方式计价的进度款支付申请表中包括的内容的是（　　）。

A. 本期申请期末累计已完成的工程价款

B. 分部分项工程和单价措施项目清单计价表

C. 本期结算完成的工程价款

D. 本期应支付的工程价款

二、简答题

1. 工程结算的编制依据有哪些？

2. 采用工程量清单单价方式计价的竣工结算送审报告应包括的内容有哪些？

教学单元5
参考答案

教学单元6 Chapter 06

工程结算的审核

【知识目标】

掌握工程结算审核的编制程序，了解工程结算审核的编制依据及方法。

【能力目标】

通过掌握工程结算审核的编制程序，了解工程结算审核的编制依据及方法，最终能够达到按照计价规范及施工合同的要求，进行工程结算的审核。

【素质目标】

通过本章知识的讲解，明确工程结算审核工作中的权利、义务和责任，培养依法、依规执业以及维护市场各方主体合法权益的意识，培养有思想、有情怀、专业强的高素质工程造价技术技能型人才。

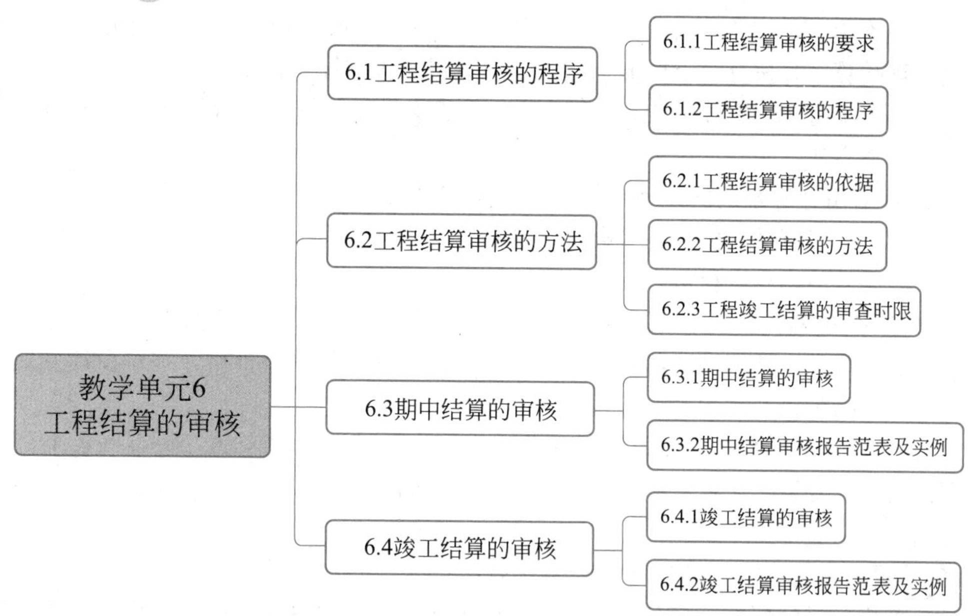

根据《建设工程价款结算暂行办法》竣工结算书编制完成后，需提交发包人由其审查（政府投资项目，由同级财政部门审查）确认才能有效。发包人在收到承包人提出的工程竣工结算书后，由发包人或其委托的具有相应资质的工程造价咨询人对其进行审查，并按合同约定的时间提出审查意见，作为办理竣工结算的依据。

竣工结算审查的目的在于保证竣工结算的合法性和合理性，正确反映工程所需的费用，只有经审核的竣工结算才具有合法性，才能得到正式确认，从而成为发包人与承包人支付结算款项的有效经济凭证。

6.1 工程结算审核的程序

6.1.1 工程结算审核的要求

1. 工程价款结算审查工程的施工内容按完成阶段分类，其形式包括：竣工结算审查、分阶段结算审查、合同中止结算审查和专业分包结算审查。

2. 建设项目是由多个单项工程或单位工程构成的，应按建设项目划分标准的规定分别审查各单项工程或单位工程的竣工结算，将审定的工程结算汇总，编制相应的工程结算审查成果文件。

3. 分阶段结算审查的工程，应分别审查各阶段工程结算，将审定结算汇总，编制相应的工程结算审查成果文件。

4. 合同中止工程的结算审查，应按发包人和承包人认可的已完工程实际工程量和施工合同的有关规定进行审查。合同中止结算审查方法与竣工结算审查方法基本相同。

5. 专业分包工程的结算审查，应在相应的单位工程或单项工程结算内分别审查各专业分包工程结算，并按分包合同分别编制专业分包工程结算审查成果文件。

6. 工程结算审查应区分施工发承包合同类型及工程结算的计价模式，并采用相应的工程结算审查方法。

7. 审查采用总价合同的工程结算时，应审查与合同所约定结算编制方法的一致性，按照合同约定可以调整的内容，在合同价基础上对设计变更、工程洽商以及工程索赔等合同约定可以调整的内容进行审查。

8. 审查采用单价合同的工程结算时，应审查按照竣工图或施工图中各个分部分项工程量计算的准确性，依据合同约定的方式审查分部分项工程项目价格，并对设计变更、工程洽商、施工措施以及工程索赔等调整内容进行审查。

9. 审查采用成本加酬金合同的工程结算时，应依据合同约定的方法审查各个分部分项工程以及设计变更、工程洽商、施工措施等内容的工程成本，并审查酬金及有关税费的取定。

10. 采用工程量清单计价的工程结算审查应包括以下几个方面：

（1）工程项目的所有分部分项工程量，以及实施工程项目采用的措施项目工程量为完成所有工程量并按规定计算的人工费、材料费和施工机械使用费、企业管理费利润，以及规费和税金取定的准确性。

（2）对分部分项工程和措施项目以外的其他项目所需计算的各项费用进行审查。

（3）对设计变更和工程变更费用依据合同约定的结算方法进行审查。

6.1.2 工程结算审核的程序

工程结算的审核应按准备、编制、意见反馈和定稿四个工作阶段进行。

1. 准备阶段工作内容

（1）收集、归纳、整理与工程结算相关的审核依据和资料；

（2）熟悉施工合同、主要设备、材料采购合同、投标文件、招标文件、建设工程设计文件及工程变更、现场签证、工程索赔、相关的会议纪要等资料；

（3）掌握工程项目发承包方式、现场施工条件、实际工期进展情况、应采用的工程计量计价方式、计价依据、费用标准、材料设备价格信息等情况；

（4）掌握工程结算计价标准、规范、定额、费用标准；掌握工程量清单计价规范、工程量计算规范、国家和当地建设行政主管部门发布的计价依据及相关规定；

（5）审核工程结算手续的完备性，工程结算送审资料的完整性、相关性、有效性，对不符合要求的应予退回，并应对资料的缺陷提出书面意见及要求，限时补正。

（6）做好送审资料的交验、核实、签收工作。

2. 编制阶段工作内容

（1）根据建设工程设计文件及相关资料以及经批准的施工组织设计进行现场踏勘核实；

（2）召开审核会议，澄清问题，提出补充依据性资料和弥补措施，形成会商纪要；

（3）审核工程结算范围、结算节点与施工合同约定的一致性；

（4）审核分部分项工程、措施项目和其他项目计量和计价的准确性以及费用计取依据的时效性、相符性；

（5）审核人工费、材料费、机具台班费价差调整的合约性和合规性；

（6）新增工程量清单项目的综合单价中消耗量测算以及组价的合约性、合规性、准确性；

（7）审核工程变更、现场签证凭据的真实性、有效性，并核准工程变更、现场签证费用；

（8）审核索赔是否依据施工合同约定的索赔处理原则、程序和计算方法以及索赔费用的真实性、准确性；

（9）形成初步审核报告。

3. 意见反馈阶段工作内容

（1）在期中结算审核过程中，承包人应以书面形式将反馈意见提交给发包人，发包人应将达成一致意见的部分在下一期期中结算中予以调整，未达成一致的部分可在竣工结算中予以调整；

（2）在竣工结算审核过程中，对竣工结算审核结论有分歧的，应召开由发包人、承包人以及接受发包人委托审核的工程造价咨询企业等相关各方共同参加的会商会议，形成会商纪要，并进行合理调整；

（3）凡不能共同确认工程结算审核结论的，审核单位可适时结束审核工作，并应作出说明。

4. 定稿阶段工作内容

（1）由工程结算审核部门负责人对工程结算审核的初步成果文件进行检查校对；

（2）由审核报告审定人审核批准；

（3）编制人、审核人、审定人分别在审核报告上署名，并签章；

（4）发包人、承包人以及接受委托的工程造价咨询单位共同签署确认结算审定签署表，在合同约定的期限内，提交正式工程结算审核报告。

6.2 工程结算审核的方法

6.2.1　工程结算审核的依据

1. 期中结算的审核依据除应包括本教材第 5.2.1 的内容外，还应包括下列内容：

（1）期中结算申请报告；

（2）工程造价咨询合同等。

2. 竣工结算的审核依据除应包括本教材 5.2.1 的内容外，还应包括下列内容：

（1）往期期中结算审核报告；

（2）竣工结算送审报告；

（3）在审核期间与竣工结算相关的会议纪要；

（4）工程造价咨询合同等。

6.2.2 工程结算审核的方法

1. 工程结算应依据施工合同方式采用相应的审核方法。

2. 工程结算的审核应采用全面审核法。除委托合同另有约定外，不得采用重点审核法、抽样审核法或类比审核法等其他方法。

6.2.3 工程竣工结算的审查时限

单项工程竣工后，承包人应按规定程序向发包人递交竣工结算报告及完整的结算资料，发包人应按表 6-1 规定的时限进行核对（审查），并提出审查意见。

不同竣工结算报告金额的审查时限　　表 6-1

工程竣工结算报告金额	审查时间
500 万元以下	从接到竣工结算报告和完整的竣工结算资料之日起 20 天内
500 万～2000 万元	从接到竣工结算报告和完整的竣工结算资料之日起 30 天内
2000 万～5000 万元	从接到竣工结算报告和完整的竣工结算资料之日起 45 天内
5000 万元以上	从接到竣工结算报告和完整的竣工结算资料之日起 60 天内

建设项目竣工总结算在最后一个单项工程竣工结算审查确认后 15 天内汇总，送发包人后 30 天内审查完成。

6.3 期中结算的审核

6.3.1 期中结算的审核

1. 发包人应自行或委托工程造价咨询企业对承包人编制的期中结算（合同价款支付）申请报告进行审核，并提出审查意见，确定应支付的金额，并应出具相应的期中结算（合同价款支付）审核报告。

2. 期中结算审核时，应将承包人的工程变更、现场签证和已得到发包人确认的工程索赔金额及其他相关费用纳入审核范围。当发承包双方对工程变更、现场签证及工程索赔等价款出现争议时，应将无争议部分的价款计入期中结算中。

3. 经发承包双方签署认可的期中结算准计算成果，应作为竣工结算编制与审核的组成部分，不应再重新对该部分工程内容进行计量计价。

4. 当往期已支付合同价款的已完工程中存在缺陷，且不符合施工合同的约定时，缺陷相关工程价款可在当期期中结算中先行扣减。

5. 采用工程量清单单价方式计价的期中结算（合同价款支付）审核报告成果文件宜按表 6-2 的格式编制，并应包括下列内容：

（1）封面；

（2）签署页；

（3）审核说明；

（4）期中结算（合同价款支付）核准表；

（5）预付款支付核准表；

（6）进度款支付核准表；

（7）其他必要的表格。

6.3.2　期中结算审核报告范表及实例

期中结算审核报告范表及实例，见表 6-2～表 6-17。

期中结算审核报告封面格式　　表 6-2

合同号：XJZHL001

某新建综合楼　　　　工程

期中结算(合同价款支付)

审核报告

（　　年　　月　　日～　　年　　月　　日）

（编制单位名称）

（工程造价咨询企业执业印章）

编制日期：　　年　　月　　日

期中结算（合同价款支付）审核报告签署页格式　　表 6-3

合同号：XJZHL001

某新建综合楼　　　　工程

期中结算(合同价款支付)

审核报告

（　　年　月　日～　　年　月　日）

工程咨询企业执业专用章：

编　制　人：__________[签章]__________

审　核　人：__________[签章]__________

审　定　人：__________[签章]__________

法定代表人或其授权人：__________

注：因专业和工作量需要，编制、审核、审定分别可以由多人完成，编制人员自行扩展。

期中结算审核报告编制说明　　表 6-4

某新建综合楼　　　　工程

期中结算(合同价款支付)申请报告

编 制 说 明

一、编制依据

1.《建设工程工程量清单计价规范》(GB 50500—2013)、《房屋建筑与装饰工程工程量计算规范》(GB 50584—2013)、《通用安装工程工程量计算规范》(GB 50586—2013)、《河南省房屋与装饰工程预算定额》(HA01—31—2016)、《河南省通用安装工程预算定额》(HA02—31—2016)及其配套解释。

2. 某公司设计的某新建综合楼工程项目图纸、审查整改单及修改通知单、图纸问题回复等资料。

3. 与建设工程项目有关的标准、规范、技术资料。

4. 招标文件中有关的要求。

5. 施工现场情况、工程特点及常规施工方案。

6. 安全文明施工费、规费按要求足额计取。

7. 组织措施费中二次搬运费、夜间施工措施费、冬雨期施工措施费按要求足额计取。

8. 人工费、机械费、管理费按照豫建标定〔××××〕××号中相关规定调整。

9. 增值税依据财政部、税务总局、海关总署《关于深化增值税改革有关政策的公告》(2019 年第 39 号),按一般计税方法的 9%增值税税率计取。

10. 材料、设备价格执行××××年××月份《××××市建设工程主要材料价格信息》,××××年××月份《××××市建设工程主要材料价格信息》中没有的执行××××年第××季度《××××市建设工程主要材料价格信息》,如××××年第××季度《××××市建设工程主要材料价格信息》没有的材料价格,按市场询价计入。

二、有关问题的说明

三、必要的附件

期中结算（合同价款支付）核准表　　　　表 6-5

工程名称：某新建综合楼工程　　　　合同号：XJZHL001

序号	费用名称	申请金额(元)	复核金额(元)	调整金额(元)	调整说明
1	预付款	5,150,543.21	5,150,543.21	—	
2	进度款	2,226,843.46	2,046,402.91	−180,440.55	
3	其他费用				
合计		7,377,386.67	7,196,946.12	−180,440.55	

编制人：　　　　审核人：　　　　审定人：

预付款支付核准表　　　　表 6-6

工程名称：某新建综合楼工程　　　　合同号：XJZHL001

致：　某公司　（承包人全称）

你方提出的支付申请经审核，应支付预付款金额为（大写）伍佰壹拾伍万零伍佰肆拾叁元贰角壹分（小写）5,150,543.21 元。

序号	费用名称	申请金额(元)	复核金额(元)	调整金额(元)	调整说明
1	已签约合同价款金额	32,430,741.45	32,430,741.45	—	
1.1	其中：安全文明施工费	635,404.43	635,404.43	—	
2	合同应付的预付款	5,150,543.21	5,150,543.21	—	
2.1	其中：其他预付款	4,769,300.55	4,769,300.55	—	
2.2	其中：安全文明施工费	381,242.66	381,242.66	—	

承包人(章)________

造价人员________　　承包人代表________　　日　期________

复核意见：

□ 与合同约定不相符，修改意见见附件。

☑ 与合同约定相符，具体金额由造价工程师复核

监理工程师________

日　期________

复核意见：

经复核，本周期应支付的工程预付款为：

（大写）伍佰壹拾伍万零伍佰肆拾叁元贰角壹分（小写）5,150,543.21 元

造价工程师________

日　期________

审核意见：

□ 不同意

☑ 同意，支付时间为本表签发后的 15 天内

发包人(章)________

发包人代表________

日　期________

注：1　在选择栏中的“□”内做标识“√”；

2　本表一式四份，发包人、监理人、造价咨询人、承包人各存一份。

进度款支付核准表　　表 6-7

工程名称：某新建综合楼工程　　合同号：XJZHL001

致：　某公司　（承包人全称）

我方于××××年 7 月 1 日至××××年 10 月 1 日 期间的支付申请经复核，已完成合同款额为（大写）贰佰伍拾伍万捌仟零叁元陆角叁分（小写）2,558,003.63 元，本周期应支付金额为（大写）（大写）贰佰零肆万陆仟肆佰零贰元玖角壹分（小写）2,046,402.91 元 。

序号	费用名称	申请金额(元)	复核金额(元)	调整金额(元)	调整说明
1	本期申请期初累计已完成的工程款额	—	—	—	
2	本期申请期末累计已完成的工程款额	2,783,554.33	2,558,003.63	−225,550.69	
3	本期结算完成的工程价款(3=2−1)	2,783,554.33	2,558,003.63	−225,550.69	
4	本期应扣减的金额				
4.1	本周期应抵扣的预付款				
4.2	本周期应扣减的金额				
5	本期应支付的工程价款(5=3×80%−4)	2,226,843.46	2,046,402.91	−180,440.55	

承包人(章)__________

造价人员__________　　承包人代表__________　　日　　期__________

复核意见：

☐ 与合同约定不相符，修改意见见附件。

☑ 与合同约定相符，具体金额由造价工程师复核

监理工程师__________

日　　期__________

复核意见：

经复核，本期应支付的工程进度价款为：

（大写）贰佰零肆万陆仟肆佰零贰元玖角壹分（小写）2,046,402.91 元

造价工程师__________

日　　期__________

审核意见：

☐ 不同意

☑ 同意，支付时间为本表签发后的 15 天内

发包人(章)__________

发包人代表__________

日　　期__________

注：1　在选择栏中的"☐"内做标识"√"；

2　本表一式四份，发包人、监理人、造价咨询人、承包人各存一份。

项目工程期中结算（进度款）审核汇总对比表　　表 6-8

工程名称：某新建综合楼工程　　合同号：XJZHL001　　第　页 共　页

序号	单项工程名称	本期报审			本期审定			调整金额
		金额(元)	其中:(元)		金额(元)	其中:(元)		
			安全文明施工费	规费		安全文明施工费	规费	
1	某新建综合楼工程	2,783,554.33	—	175,693.90	2,558,003.63	—	162,003.30	−225,550.69
合计		2,783,554.33	—	175,693.90	2,558,003.63	—	162,003.30	−225,550.69

编制人：　　审核人：　　审定人：

单项工程期中结算（进度款）审核汇总对比表　　表 6-9

工程名称：某新建综合楼工程　　合同号：XJZHL001　　第　页 共　页

序号	单项工程名称	本期报审			本期审定			调整金额
		金额(元)	其中:(元)		金额(元)	其中:(元)		
			安全文明施工费	规费		安全文明施工费	规费	
一	建筑工程	2,676,775.47		169,483.58	2,456,798.85		155,924.90	−219,976.62
二	安装工程	106,778.85		6,210.32	101,204.78		6,078.40	−5,574.07
合计		2,783,554.33		175,693.90	2,558,003.63		162,003.30	−225,550.69

编制人：　　审核人：　　审定人：

单位工程期中结算（进度款）审核汇总对比表　　表 6-10

工程名称：某新建综合楼工程——建筑工程　　合同号：XJZHL001　　第　页 共　页

序号	单位工程名称	本期报审金额(元)	本期审定金额(元)	调整金额(元)
1	分部分项工程	1,784,037.72	1,641,314.70	−142,723.02
1.1	土石方工程	1,072,503.49	986,703.21	−85,800.28
1.2	混凝土及钢筋混凝土工程	711,534.23	654,611.49	−56,922.74
2	措施项目	502,236.01	456,704.30	−45,531.71
2.1	其中:安全文明施工费			
2.2	其他措施费(费率类)	91,907.34	79,201.92	−12,705.42
2.3	单价措施费	410,328.68	377,502.38	−32,826.29
3	其他项目			
3.1	其中:计日工			
3.2	其中:总承包服务费			
4	规费	169,483.58	155,924.90	−13,558.69

续表

序号	单位工程名称	本期报审金额(元)	本期审定金额(元)	调整金额(元)
4.1	定额规费	169,483.58	155,924.90	−13,558.69
4.2	工程排污费			
4.3	其他			
5	不含税工程造价合计=1+2+3+4	2,455,757.31	2,253,943.90	−201,813.42
6	增值税	221,018.16	202,854.95	−18,163.21
结算总价合计=5+6		2,676,775.47	2,456,798.85	−219,967.63

编制人：　　　　　　　　审核人：　　　　　　　　审定人：

注：如无单位工程划分，单项工程也使用本表汇总。

单位工程期中结算（进度款）审核汇总对比表　　　　表 6-11

工程名称：某新建综合楼工程——安装工程　　　合同号：XJZHL001　　第　　页 共　　页

序号	单位工程名称	本期报审金额(元)	本期审定金额(元)	调整金额(元)
1	分部分项工程	65,371.75	63,983.14	−1,388.61
1.1	给水排水工程	15,348.30	13,959.70	−1,388.60
1.2	电气工程	50,023.45	50,023.45	—
2	措施项目	26,380.18	22,786.88	−3,593.30
2.1	其中:安全文明施工费			
2.2	其他措施费(费率类)	25,922.58	22,339.00	−3,583.58
2.3	单价措施费	457.60	447.88	−9.72
3	其他项目			
3.1	其中:计日工			
3.2	其中:总承包服务费			
4	规费	6,210.32	6,078.40	−131.92
4.1	定额规费	6,210.32	6,078.40	−131.92
4.2	工程排污费			
4.3	其他			
5	不含税工程造价合计=1+2+3+4	97,962.25	92,848.43	−5,113.83
6	增值税	8,816.60	8,356.36	−460.24
结算总价合计=5+6		106,778.85	101,204.79	−5574.07

编制人：　　　　　　　　审核人：　　　　　　　　审定人：

注：如无单位工程划分，单项工程也使用本表汇总。

分部分项工程和单价措施项目清单计价审核对比表

表 6-12

工程名称：某新建综合楼工程——建筑工程　　合同号：XJZHL001　　第　页 共　页

序号	项目编码	项目名称	项目特征描述	计量单位	本期报审			本期审定			调整金额（元）	备注
					本期工程量	综合单价（元）	本期结算合价（元）	本期工程量	综合单价（元）	本期结算合价（元）		
1	010101001001	平整场地	1. 一般土； 2. 根据现场情况土方运距自主考虑	m^2	13,991.64	5.33	74,575.44	12,872.31	5.33	68,609.41	−5,966.04	
2	010101003001	挖基础土方	1. 一般土； 2. 设计基础底标高至自然地坪（含桩间土）； 3. 凿、截桩头； 4. 挖土深度 5m 以内； 5. 根据现场情况土方运距自主考虑	m^3	68,586.12	14.55	997,928.05	63,099.23	14.55	918,093.80	−79,834.24	
3	010401003001	满堂基础	1. 商品混凝土 C40； 2. 混凝土抗渗等级 P6； 3. 商品混凝土运输根据现场情况自主考虑	m^3	164.36	428.30	70,395.39	151.21	428.30	64,763.24	−5,631.63	
4	010402004001	构造柱	1. 商品混凝土 C25； 2. 商品混凝土运输根据现场情况自主考虑	m^3	203.25	498.99	101,419.72	186.99	498.99	93,306.14	−8,113.58	
5	010405001003	有梁板	1. 层高 4.8m； 2. 板厚度 100mm 以上； 3. 商品混凝土 C30； 4. 商品混凝土运输根据现场情况自主考虑	m^3	459.27	402.86	185,021.51	422.53	402.86	170,220.44	−14,801.72	
6	010416001003	现浇混凝土钢筋	1. HRB400 钢筋 Φ10 以内	t	31.68	3,847.03	121,973.91	29.14	3,847.03	112,102.45	−9,748.37	

续表

序号	项目编码	项目名称	项目特征描述	计量单位	本期报审			本期审定			调整金额（元）	备注
					本期工程量	综合单价（元）	本期结算合价（元）	本期工程量	综合单价（元）	本期结算合价（元）		
7	010416001004	现浇混凝土钢筋	1. HRB400 钢筋 Φ10 以上	t	55.65	4,184.06	232,842.94	51.20	4,184.06	214,223.87	−18,627.44	
本页小计							1,784,056.96			1,641,319.35	−142,737.61	
合计												

编制人： 审核人：

分部分项工程和单价措施项目清单计价审核对比表

表 6-13

工程名称：某新建综合楼工程——安装工程 合同号：XJZHL001 第 页 共 页

序号	项目编码	项目名称	项目特征描述	计量单位	本期报审			本期审定			调整金额（元）	备注
					本期工程量	综合单价（元）	本期结算合价（元）	本期工程量	综合单价（元）	本期结算合价（元）		
1	031001006001	PVC-U 塑料排水管（超高）	1. 安装部位：室内； 2. 介质：污水； 3. 材质、规格：PVC-U 塑料排水管 De50； 4. 连接形式：粘接； 5. 含成品管卡； 6. 备注：因管道避让增加的管道、管件工程量自行考虑； 7. 其他：未尽事宜参见施工图纸及说明、图纸答疑、招标文件及相关规范图集	m	16.72	35.20	588.54	16.72	35.20	588.54	0.00	

续表

序号	项目编码	项目名称	项目特征描述	计量单位	本期报审			本期审定			调整金额（元）	备注
					本期工程量	综合单价（元）	本期结算合价(元)	本期工程量	综合单价（元）	本期结算合价(元)		
2	031002003005	刚性防水套管	1. 名称、类型:刚性防水套管; 2. 材质:钢管; 3. 介质管道规格:DN65; 4. 备注:含预留洞、堵洞; 5. 其他:未尽事宜参见施工图纸及说明、图纸答疑、招标文件及相关规范图集	个	3.00	291.25	873.75	3.00	291.25	873.75	0.00	
3	031002001001	管道支架	1. 材质:型钢; 2. 管架形式:管道支架; 3. 其他:未尽事宜参见施工图纸及说明、图纸答疑、招标文件及相关规范图集	kg	586.65	23.67	13,886.01	527.99	23.67	12,497.40	−1,388.49	
4	030412005001	单管荧光灯	1. 名称:单管荧光灯; 2. 规格:LED-28W/2800lm; 3. 安装形式:距地 3.0m 吊装; 4. 其他:未尽事宜参见施工图纸及说明、图纸答疑、招标文件及相关规范图集	套	507.00	97.51	49,437.57	507.00	97.51	49,437.57	0.00	
5	030404034001	单联单控开关	1. 名称:单联单控开关; 2. 规格:250V,10A; 3. 安装方式:H+1.3m; 4. 其他:未尽事宜参见施工图纸及说明、图纸答疑、招标文件及相关规范图集	个	31.00	16.58	513.98	31.00	16.58	513.98	0.00	

续表

序号	项目编码	项目名称	项目特征描述	计量单位	本期报审			本期审定			调整金额（元）	备注
					本期工程量	综合单价（元）	本期结算合价（元）	本期工程量	综合单价（元）	本期结算合价（元）		
6	030411001001	电气配管JDG16	1. 材质：套接紧定式镀锌钢导管； 2. 规格：JDG16； 3. 配置形式：砖、混凝土结构暗配，砌体墙内暗敷剔槽、修补费用自行考虑； 4. 其他：未尽事宜参见施工图纸及说明、图纸答疑、招标文件及相关规范图集	m	8.17	8.80	71.90	8.17	8.80	71.90	0.00	
本页小计							65,371.75			63,983.26	−1,388.49	
合计												

编制人：　　　　　　　　　　审核人：

总价措施项目清单计价审核对比表　　表 6-14

工程名称：某新建综合楼工程　　合同号：XJZHL001　　第　页 共　页

序号	项目编码	项目名称	本期申报			本期审定			调整金额(元)
			计算基础	综合费率(%)	金额(元)	计算基础	综合费率(%)	金额(元)	
一		总价措施费			117,829.92			101,540.92	−16,289.00
1		其他措施费			117,829.92			101,540.92	−16,289.00
	011704002001	夜间施工增加费			29,457.48			25,385.23	−4,072.25
	011704004001	二次搬运费			58,914.96			50,770.46	−8,144.50
	011704005001	冬雨期施工增加费			29,457.48			25,385.23	−4,072.25
2		其他(费率类)							
	011704001001	安全文明增加费			—			—	—
合计					117,829.92			101,540.92	−16,289.00

编制人：　　审核人：

其他项目清单计价审核汇总对比表　　表 6-15

工程名称：某新建综合楼工程　　合同号：XJZHL001　　第　页 共　页

序号	项目名称	计量单位	本期送审金额(元)	本期审定金额(元)	调整金额(元)	备注
1	计日工					
2	总承包服务费					
合计						

编制人：　　审核人：

计日工审核对比表　　表 6-16

工程名称：某新建综合楼工程　　合同号：XJZHL001　　第　页 共　页

序号	项目名称	单位	本期报审			本期审定			调整金额(元)	备注
			数量	综合单价(元)	结算合价(元)	数量	综合单价(元)	结算合价(元)		
一	劳务(人工)									
1										
	小计									
二	材料									
1										
	小计									
三	施工机械									
1										
	小计									
本页小计										
合计										

编制人：　　审核人：

总承包服务费审核对比表　　表 6-17

工程名称：某新建综合楼工程　　合同号：XJZHL001　　第　页 共　页

序号	项目名称	项目价值（元）	服务内容	本期报审			本期审定			备注
				计算基础	综合费率（%）	结算金额（元）	计算基础	综合费率（%）	结算金额（元）	
合计										

编制人：　　审核人：

6.4 竣工结算的审核

6.4.1 竣工结算的审核

1. 发包人应自行或委托工程造价咨询企业对承包人编制的竣工结算送审报告进行审核，提出审核意见，并应出具竣工结算审核报告。

2. 采用工程量清单单价方式计价的竣工结算审核报告应包括下列内容：

(1) 封面；

(2) 签署页；

(3) 竣工结算审核报告书；

(4) 最终支付款支付核准表；

(5) 竣工支付核准表；

(6) 竣工结算审定签署表；

(7) 项目工程竣工结算审核汇总对比表；

(8) 单项工程竣工结算审核汇总对比表；

(9) 单位工程竣工结算审核汇总对比表；

(10) 分部分项工程和单价措施项目清单计价审核对比表；

(11) 总价措施项目清单计价审核对比表；

(12) 其他项目清单计价审核汇总对比表；

(13) 其他必要的表格。

6.4.2 竣工结算审核报告范表及实例

竣工结算审核报告范表及实例，见表 6-18～表 6-33。

竣工结算审核报告封面格式　　表 6-18

合同号：XJZHL001

某新建综合楼　　　　工程

竣 工 结 算 审 核 报 告

档案号：

（　　年　月　日～　　年　月　日）

（编制单位名称）

（工程造价咨询企业执业印章）

编制日期：　　年　　月　　日

竣工结算审核报告签署页格式　　　　表 6-19

合同号：XJZHL001

某新建综合楼　　　　工程

竣 工 结 算 审 核 报 告

工程咨询企业执业专用章：

编　制　人：＿＿＿＿＿＿＿＿［签章］＿＿＿＿＿＿＿＿

审　核　人：＿＿＿＿＿＿＿＿［签章］＿＿＿＿＿＿＿＿

审　定　人：＿＿＿＿＿＿＿＿［签章］＿＿＿＿＿＿＿＿

法定代表人或其授权人：＿＿＿＿＿＿＿＿＿＿＿＿＿＿

注：因专业和工作量需要，编制、审核、审定分别可以由多人完成，编制人员自行扩展。

竣工结算审核报告书格式　　表 6-20

某新建综合楼　　　　工程

竣工结算审核报告书

一、工程概况

本项目位于×××××市××××东、××××南、××××西、金××××北。某新建综合楼总建筑面积为××××m^2，其中地上建筑面积为××××m^2，地下建筑面积××××m^2。

二、审查范围

施工合同内约定承包范围。

三、审查原则

我方接受贵单位委托，本着"独立、客观、公正"的原则，对某新建综合楼工程进行了审核。主要内容包括建设工程施工合同、工程开工报告、竣工报告、竣工验收报告等相关资料，上述资料的真实性、合法性、完整性由提供方负责。我方依据所提供的工程结算资料，严格按照《建设工程造价咨询规范》(GB/T 51095—2015)的要求对工程结算费用进行审核。

四、审查依据

1.《中华人民共和国审计法》。

2.《中华人民共和国民法典》。

3.《基本建设工程价款结算暂行办法》等相关法律法规。

4. 建设工程施工合同。

5. 工程量依据图纸、现场勘测记录等。

6. 建设单位提交的由施工单位编制的结算书及相关竣工资料。

7. 设计变更、工程变更、现场签证。

8. 建设单位相关取费标准及会议纪要。

9. 依据《河南省房屋与装饰工程预算定额》(HA01—31—2016)、《河南省通用安装工程预算定额》(HA02—31—2016)及相关配套文件及省市有关造价管理文件。

五、审查方法

本次根据工程具体特点及所提供资料，我们采取了实地测量的方法，对施工单位编制的竣工结算书进行了审计，并对工程的工程量计算、费用计取及施工合同执行情况进行了全面认真的计算和审查。

六、审查程序

七、审查结果

送审金额：36，088，403.78 元，审定金额：33，169，599.73 元，审减金额：—2,918,804.05元。

八、主要问题

部分送审工程量偏低进行调整；部分送审材料价格调整有误进行纠正(略)。

九、有关建议

最终支付款支付核准表

表 6-21

工程名称：某新建综合楼工程　　合同号：XJZHL001

致：　某公司　（承包人全称）

你方提出的竣工结算申请经审核，竣工结算款总额为（大写）叁仟叁佰壹拾陆万玖仟伍佰玖拾玖元柒角叁分（小写）33,169,599.73 元，扣除前期支付以及质量保证金应支付金额为（大写）陆佰贰拾贰万玖仟玖佰壹拾捌元伍角捌分（小写）6,229,918.58 元。

序号	名称	合同金额（元）	申请金额（元）	复核金额（元）	调整金额（元）	调整说明
1	竣工结算合同价款总额	32,430,741.45	36,088,403.78	33,169,599.73	−2,918,804.05	
2	累计已实际支付的合同价款		25,944,593.16	25,944,593.16	—	
3	应预留的质量保证金		1,082,652.11	995,087.99	−87,564.12	
4	应支付的竣工结算款金额		9,061,158.51	6,229,918.58	−2,831,239.93	

承包人(章)________

造价人员________　承包人代表________　日　期________

复核意见：

☐ 与实际施工情况不相符，修改意见见附件。

☑ 与实际施工情况相符，具体金额由造价工程师复核

监理工程师________

日　期________

复核意见：

经复核，应支付的金额为：

（大写）陆佰贰拾贰万玖仟玖佰壹拾捌元伍角捌分（小写）6,229,918.58 元

造价工程师________

日　期________

审核意见：

☐ 不同意

☑ 同意，支付时间为本表签发后的 15 天内

发包人(章)________

发包人代表________

日　期________

注：1　在选择栏中的"☐"内做标识"√"；

2　本表一式四份，发包人、监理人、造价咨询人、承包人各存一份。

竣工支付核准表　　表 6-22

工程名称：某新建综合楼工程　　合同号：XJZHL001

致：　某公司　（承包人全称）

你方提出的支付申请经复核，最终应支付金额为（大写）壹佰肆拾陆万零捌拾柒元玖角玖分（小写）1,460,087.99 。

序号	费用名称	申请金额（元）	复核金额（元）	调整金额（元）	调整说明
1	已预留的质量保证金	1,082,652.11	995,087.99	−87,564.12	
2	应增加因发包人原因造成缺陷的修复金额	500,000.00	500,000.00	—	
3	应扣减承包人不修复缺陷、发包人组织修复的金额	35,000.00	35,000.00	—	
4	最终支付的合同价款	1,547,652.11	1,460,087.99	−87,564.12	

造价人员＿＿＿＿　　承包人代表＿＿＿＿　　日　期＿＿＿＿

复核意见：

☐ 与实际施工情况不相符，修改意见见附件。

☑ 与实际施工情况相符，具体金额由造价工程师复核

监理工程师＿＿＿＿

日　期＿＿＿＿

复核意见：

经复核，应支付的金额为：

（大写）壹佰肆拾陆万零捌拾柒元玖角玖分（小写）1,460,087.99 元

造价工程师＿＿＿＿

日　期＿＿＿＿

审核意见：

☐ 不同意

☑ 同意，支付时间为本表签发后的 15 天内

发包人（章）＿＿＿＿

发包人代表＿＿＿＿

日　期＿＿＿＿

注：1　在选择栏中的“☐”内做标识“√”；

2　本表一式四份，发包人、监理人、造价咨询人、承包人各存一份。

竣工结算审定签署表　　表 6-23

<table>
<tr><td>工程名称</td><td colspan="2">某新建综合楼工程</td><td colspan="2">工程地址</td><td colspan="2">—</td></tr>
<tr><td>发包人</td><td colspan="2">某公司</td><td colspan="2">承包人</td><td colspan="2">某公司</td></tr>
<tr><td>委托合同编号</td><td colspan="2">—</td><td colspan="2">审定日期</td><td colspan="2">—</td></tr>
<tr><td rowspan="2">报审结算金额(元)</td><td colspan="2" rowspan="2">36,088,403.79</td><td rowspan="2">调整金额(元)</td><td>核增</td><td colspan="2"></td></tr>
<tr><td>核减</td><td colspan="2">−2,918,804.05</td></tr>
<tr><td>审定结算金额(元)</td><td>大写</td><td colspan="3">叁仟叁佰壹拾陆万玖仟伍佰玖拾玖元柒角肆分</td><td>小写</td><td>33,169,599.74</td></tr>
<tr><td>委托单位:(签章)

法定代表人或其授权人:
(签字或盖章)</td><td colspan="2">发包人:(签章)

法定代表人或其授权人:
(签字或盖章)</td><td colspan="2">承包人:(签章)

法定代表人或其授权人:
(签字或盖章)</td><td colspan="2">工程造价咨询企业:
(签章)

法定代表人或其授权人:
(签字或盖章)

技术负责人:
(签字并盖执业章)</td></tr>
</table>

注：调整金额＝报审结算金额－审定结算金额。

项目工程竣工结算审核汇总对比表　　表 6-24

工程名称：某新建综合楼工程　　合同号：XJZHL001　　第　　页 共　　页

序号	单项工程名称	合同金额(元)	报审			审定			调整金额
			金额(元)	其中:(元)		金额(元)	其中:(元)		
				安全文明施工费	规费		安全文明施工费	规费	
一	新建综合楼工程	32,430,741.45	36,088,403.79	778,155.78	2,240,372.34	33,169,599.73	661,432.41	2,074,418.83	−2,918,804.05
合计		32,430,741.45	36,088,403.79	778,155.78	2,240,372.34	33,169,599.73	661,432.41	2,074,418.83	−2,918,804.05

编制人：　　审核人：　　审定人：

单项工程竣工结算审核汇总对比表　　表 6-25

工程名称：某新建综合楼工程　　合同号：XJZHL001　　第　　页 共　　页

序号	单项工程名称	合同金额(元)	报审			审定			调整金额
			金额(元)	其中(元)		金额(元)	其中(元)		
				安全文明施工费	规费		安全文明施工费	规费	
一	土建工程	24,563,770.11	27,172,300.51	606,961.51	1,594,659.81	24,971,023.14	515,917.28	1,476,536.86	−2,201,277.37

续表

序号	单项工程名称	合同金额(元)	报审			审定			调整金额
			金额(元)	其中(元)		金额(元)	其中(元)		
				安全文明施工费	规费		安全文明施工费	规费	
二	安装工程	7,866,971.34	8,916,103.27	171,194.27	645,712.53	8,198,576.59	145,515.13	597,881.97	−717,526.68
合计		32,430,741.45	36,088,403.79	778,155.78	2,240,372.34	33,169,599.73	661,432.41	2,074,418.83	−2,918,804.05

编制人：　　　　审核人：　　　　审定人：

单位工程竣工结算审核汇总对比表　　表 6-26

工程名称：某新建综合楼工程——建筑工程　　合同号：XJZHL001　　第　页　共　页

序号	单位工程名称	合同金额(元)	报审金额(元)	审定金额(元)	调整金额(元)
1	分部分项工程	15,307,751.99	16,785,892.70	15,542,493.24	−1,243,399.46
1.1	土石方工程	1,072,503.49	1,072,503.49	986,703.21	−85,800.28
1.2	砌筑工程	652,969.80	652,969.80	600,732.22	−52,237.58
1.3	混凝土及钢筋混凝土工程	5,030,561.39	5,030,561.39	4,628,116.48	−402,444.91
1.4	楼地面工程	1,180,788.27	1,180,788.27	1,086,325.20	−94,463.07
1.5	墙面工程	553,518.96	553,518.96	509,237.44	−44,281.52
1.6	天棚工程	14,986.14	14,986.14	13,787.25	−1,198.89
…					
2	措施项目	5,773,580.48	6,305,863.56	5,653,115.44	−652,748.12
2.1	其中:安全文明施工费	527,792.62	606,961.51	515,917.28	−91,044.23
2.2	其他措施费(费率类)	1,725,004.91	1,838,146.73	1,562,424.71	−275,722.02
2.3	单价措施费	3,520,782.96	3,860,755.32	3,574,773.45	−285,981.87
3	其他项目	—	242,300.00	237,050.00	−5,250.00
3.1	其中:计日工	—	52,500.00	47,250.00	−5,250.00
3.2	其中:总承包服务费	—	189,800.00	189,800.00	—
4	规费	1,454,236.44	1,594,659.81	1,476,536.86	−118,122.95
4.1	定额规费	1,454,236.44	1,594,659.81	1,476,536.86	−118,122.95
4.2	工程排污费				
4.3	其他				

续表

序号	单位工程名称	合同金额(元)	报审金额(元)	审定金额(元)	调整金额(元)
5	不含税工程造价合计＝1＋2＋3＋4	22,535,568.91	24,928,716.07	22,909,195.54	－2,019,520.53
6	增值税	2,028,201.20	2,243,584.45	2,061,827.60	－181,756.85
结算总价合计＝5＋6		24,563,770.11	27,172,300.52	24,971,023.14	－2,201,277.38

编制人：　　　　　　　　　　　　　审核人：　　　　　　　　　　　　审定人：

注：如无单位工程划分，单项工程也使用本表汇总

单位工程竣工结算审核汇总对比表　　　　表 6-27

工程名称：某新建综合楼工程——安装工程　　　合同号：XJZHL001　　第　　页　共　　页

序号	单位工程名称	合同金额(元)	报审金额(元)	审定金额(元)	调整金额(元)
1	分部分项工程	5,972,777.20	6,796,974.00	6,293,494.44	－503,479.56
1.1	给水排水工程	2,633,876.17	2,998,665.00	2,776,541.67	－222,123.33
1.2	电气工程	3,336,243.15	3,798,309.00	3,516,952.78	－281,356.22
2	措施项目	677,213.87	737,224.73	630,253.49	－106,971.24
2.1	其中：安全文明施工费	116,114.38	171,194.27	145,515.13	－25,679.14
2.2	其他措施费(费率类)	519,290.05	518,451.64	440,683.89	－77,767.75
2.3	单价措施费	41,809.44	47,578.82	44,054.46	－3,524.36
3	其他项目				
3.1	其中：计日工				
3.2	其中：总承包服务费				
4	规费	567,413.83	645,712.53	597,881.97	－47,830.56
4.1	定额规费	567,413.83	645,712.53	597,881.97	－47,830.56
4.2	工程排污费				
4.3	其他				
5	不含税工程造价合计＝1＋2＋3＋4	7,217,404.90	8,179,911.26	7,521,629.90	－658,281.36
6	增值税	649,566.44	736,192.01	676,946.69	－59,245.32
结算总价合计＝5＋6		7,866,971.34	8,916,103.27	8,198,576.59	－717,526.68

编制人：　　　　　　　　　　　　　审核人：　　　　　　　　　　　　审定人：

注：如无单位工程划分，单项工程也使用本表汇总

分部分项工程和单价措施项目清单计价审核对比表

表 6-28

工程名称：某新建综合楼工程——建筑工程　　　　合同号：　　　　第　　页 共　　页

序号	项目编码	项目名称	项目特征描述	计量单位	报审			审定			调整金额（元）	备注
					工程量	综合单价（元）	结算合价（元）	工程量	综合单价（元）	结算合价（元）		
1	010101001001	平整场地	1. 一般土； 2. 根据现场情况土方运距自主考虑	m^2	13,991.64	5.33	74,575.44	12,872.31	5.33	68,609.41	−5,966.03	
2	010101003001	挖基础土方	1. 一般土； 2. 设计基础底标高至自然地坪（含桩间土）； 3. 凿、截桩头； 4. 挖土深度 5m 以内； 5. 根据现场情况土方运距自主考虑	m^3	68,586.12	14.55	997,928.05	63,099.23	14.55	918,093.80	−79,834.25	
…												
1	010402001001	砌块墙	1. 砌块品种、规格、强度等级：加气混凝土砌块，干密度级别 B06 级（干密度≤625kg/m ），抗压强度 A3.5（抗压强度≥3.5MPa）； 2. 墙体厚度：200mm； 3. 砂浆强度等级：DM M5.0 预拌砌筑砂浆； 4. 其他：墙体砌筑高度≤3.6m	m^3	804.01	410.11	329,732.54	739.69	410.11	303,354.27	−26,378.27	
2	010402001002	砌块墙	1. 砌块品种、规格、强度等级：加气混凝土砌块，干密度级别 B06 级（干密度≤625kg/m ），抗压强度 A3.5（抗压强度≥3.5MPa）； 2. 墙体厚度：200mm； 3. 砂浆强度等级：DM M5.0 预拌砌筑砂浆； 4. 其他：墙体砌筑高度＞3.6m	m^3	720.66	445.95	321,378.33	663.01	445.95	295,669.31	−25,709.02	

续表

序号	项目编码	项目名称	项目特征描述	计量单位	报审			审定			调整金额（元）	备注
					工程量	综合单价（元）	结算合价(元)	工程量	综合单价（元）	结算合价（元）		
3	010402001003	砌块墙	1. 砌块品种、规格、强度等级：加气混凝土砌块，干密度级别 B06 级（干密度≤625kg/m），抗压强度 A3.5（抗压强度≥3.5MPa）； 2. 墙体厚度：100mm； 3. 砂浆强度等级：DM M5.0 预拌砌筑砂浆； 4. 其他：墙体砌筑高度≤3.6m	m^3	4.48	414.94	1,858.93	4.12	414.94	1,709.55	−149.38	
…												
1	010401003001	满堂基础	1. 商品混凝土 C40； 2. 混凝土抗渗等级 P6； 3. 商品混凝土运输根据现场情况自主考虑	m^3	1,775.91	428.30	760,622.25	1,633.84	428.30	699,773.67	−60,848.58	
2	010402004001	构造柱	1. 商品混凝土 C25； 2. 商品混凝土运输根据现场情况自主考虑	m^3	230.31	498.99	114,922.39	211.89	498.99	105,730.99	−9,191.40	
3	010405001003	有梁板	1. 层高 4.8m； 2. 板厚度 100mm 以上； 3. 商品混凝土 C30； 4. 商品混凝土运输根据现场情况自主考虑	m^3	496.01	402.86	199,822.59	456.33	402.86	183,837.10	−15,985.49	
4	010416001003	现浇混凝土钢筋	1. HRB400 钢筋 Φ10 以内	t	379.81	3,847.03	1,461,140.46	349.42	3,847.03	1,344,245.69	−116,911.25	
5	010416001004	现浇混凝土钢筋	1. HRB400 钢筋 Φ10 以上	t	596.09	4,184.06	2,494,076.33	548.40	4,184.06	2,294,532.50	−199,537.83	

续表

序号	项目编码	项目名称	项目特征描述	计量单位	报审			审定			调整金额（元）	备注
					工程量	综合单价（元）	结算合价(元)	工程量	综合单价（元）	结算合价（元）		
…												
1	010802001001	断热桥型铝合金(门联窗)	1. 门代号及洞口尺寸:详见图纸设计; 2. 门框、扇材质:85 系列断热桥型铝合金; 3. 玻璃品种、厚度:6mm + 9A + 6mmLow-E 中空 SuperSE-1 玻璃; 4. 其他:需满足图纸及规范要求(含副框、五金配件、开启装置等)	m^2	145.20	797.76	115,834.75	133.58	797.76	106,564.78	−9,269.97	
2	010802003002	钢质防火门	1. 门类型:甲级防火门; 2. 选用图集:详见门窗表; 3. 配件:含锁、闭门器、顺序器等五金配件; 4. 其他:需满足图纸及规范要求	m^2	141.67	534.04	75,657.45	130.34	534.04	69,606.77	−6,050.68	
3	010805005001	玻璃地弹门	1. 门代号及洞口尺寸:玻璃地弹门; 2. 门框或扇外围尺寸:4200mm×4450mm,4800mm×4450mm,1800mm×3650mm,3600mm×3650mm; 3. 框材质:铝合金地弹门门扇(铝型材表面处理方式,阳极氧化(不可视)、氟碳喷涂(室内外可视),阳极氧化不低于AA15,氟碳喷涂(三涂)涂层 $t \geq 45\mu m$); 4. 玻璃品种、厚度:6LOW-E+12A+6mm 钢化中空玻璃; 5. 门拉手:不锈钢地弹门拉手; 6. 五金:含转轴、地锁插销等	m^2	201.24	668.15	134,458.51	185.14	668.15	123,701.29	−10,757.22	
…												

续表

序号	项目编码	项目名称	项目特征描述	计量单位	报审			审定			调整金额（元）	备注
					工程量	综合单价（元）	结算合价（元）	工程量	综合单价（元）	结算合价（元）		
1	011101001001	水泥砂浆楼地面	1. 部位：消防水泵房、生活水泵房； 2. 图示做法编号：楼 4； 3. 图集：水泥砂浆楼面（12YJ1 楼 101/厚度 20mm）； 4. 素水泥浆遍数：素水泥浆一道； 5. 面层厚度、砂浆配合比：20mm 厚 1∶2 水泥砂浆抹平压光	m^2	3,130.24	30.13	94,314.13	2,879.82	30.13	86,768.98	−7,545.15	
2	011102001001	石材楼地面	1. 部位：走道； 2. 图集：12YJ 地 205； 3. 基层：素土夯实； 4. 垫层：300mm 厚三七灰土； 5. 找平层厚度、砂浆配合比：100 厚 C15 混凝土； 6. 结合层厚度、砂浆配合比：素水泥浆一道； 7. 结合层厚度、砂浆配合比：30mm 厚 1∶3 干硬性水泥砂浆； 8. 面层材料品种、规格、颜色：100mm 厚芝麻灰长条石，表面斩毛，水泥浆擦缝	m^2	1,753.83	531.70	932,511.41	1,613.52	531.70	857,908.58	−74,602.83	
3	011102003001	块料楼地面	1. 图示做法编号：办公室； 2. 图集：楼 3； 3. 结合层厚度、砂浆配合比：25mm 厚 1∶3 干硬性水泥砂浆结合层； 4. 面层材料品种、规格、颜色：10mm 厚防滑地砖铺平拍实，缝宽 5mm，1∶1 水泥砂浆填缝	m^2	1,413.28	108.94	153,962.72	1,300.22	108.94	141,645.97	−12,316.75	

续表

序号	项目编码	项目名称	项目特征描述	计量单位	报审			审定			调整金额（元）	备注
					工程量	综合单价（元）	结算合价（元）	工程量	综合单价（元）	结算合价（元）		
…												
1	011201001002	墙面一般抹灰	1. 部位：卫生间、保洁间、茶水间； 2. 基层处理：2mm 厚配套专用界面砂浆批刮； 3. 底层厚度、砂浆配合比：7mm 厚 1∶1∶6 水泥石灰砂浆； 4. 面层厚度、砂浆配合比：6mm 厚 1∶0.5∶2.5 水泥石灰砂浆抹平	m^2	11,994.46	27.55	330,447.37	11,034.90	27.55	304,011.50	−26,435.87	
2	011201001003	墙面一般抹灰	1. 图示做法编：外墙仿石涂料墙面（有保温）； 2. 图集：12YJ1 外墙 10； 3. 底层厚度、砂浆配合比：20mm 厚 1∶2.5 水泥砂浆抹面（压入一层玻璃纤维网）	m^2	3,773.20	59.12	223,071.58	3,471.34	59.12	205,225.62	−17,845.96	
…												
1	011301001003	天棚抹灰	1. 部位：配电间、弱电机房； 2. 图示做法编号：顶 4； 3. 图集：刮腻子顶棚（12YJ1 顶 2）； 4. 基层处理：现浇钢筋混凝土板底面清理干净； 5. 底层厚度、砂浆配合比：5mm 厚 1∶1∶4 水泥石灰砂浆打底； 6. 面层厚度、砂浆配合比：3mm 厚 1∶0.5∶3 水泥石灰砂浆抹平； 7. 面层材料品种、规格：清理抹灰基层，刮腻子二遍，分遍磨平（另见清单项）	m^2	173.13	20.30	3,514.54	159.28	20.30	3,233.38	−281.16	

续表

序号	项目编码	项目名称	项目特征描述	计量单位	报审			审定			调整金额（元）	备注
					工程量	综合单价（元）	结算合价(元)	工程量	综合单价（元）	结算合价（元）		
2	011302001001	吊顶天棚	1. 部位:地下化妆间; 2. 图示做法编号:顶 2; 3. 图集做法:轻钢龙骨耐水耐火纸面石膏板吊顶(12YJ1 棚 2B); 4. 龙骨材料种类、规格、中距:轻钢龙骨单层骨架;次龙骨中距 400mm,横撑龙骨中距 1200mm; 5. 基层材料种类、规格:9.5 厚 900mm×2700mm 纸面石膏板,自攻螺钉拧牢,孔眼用腻子填平,刷配套防潮涂料一遍; 6. 面层材料品种、规格:表面装饰详见图纸设计	m^2	136.86	83.82	11,471.61	125.91	83.82	10,553.78	−917.83	
…												
本页小计							8,831,301.38			8,124,766.48	−706,534.89	
合　计							16,785,892.70			15,542,493.24	−1,243,399.46	

编制人：　　　　审核人：

分部分项工程和单价措施项目清单计价审核对比表

表 6-29

工程名称：某新建综合楼工程——安装工程　　合同号：　　第　页 共　页

序号	项目编码	项目名称	项目特征描述	计量单位	报审			审定			调整金额（元）	备注
					工程量	综合单价（元）	结算合价（元）	工程量	综合单价（元）	结算合价（元）		
1	031006015001	生活水箱	1. 材质、类型：食品级组合不锈钢水箱； 2. 规格：L×B×H＝5.5m×2.5m×3.5m； 3. 说明：含水箱进出管道、阀门、人孔、通气孔、溢流管、液位计、紫外线消毒水装置等配套附件，含设备基础施工； 4. 其他：未尽事宜参见施工图纸及说明、图纸答疑、招标文件及相关规范图集	台	1.00	52,986.75	52,986.75	1.00	52,986.75	52,986.75	0.00	
2	031002003001	普通钢套管	1. 名称、类型：普通穿墙、穿楼板钢套管； 2. 材质：钢管； 3. 介质管道规格：DN50； 4. 备注：含预留洞、堵洞； 5. 其他：未尽事宜参见施工图纸及说明、图纸答疑、招标文件及相关规范图集	个	2.00	53.88	107.76	2.00	53.88	107.76	0.00	
3	031002003005	刚性防水套管	1. 名称、类型：刚性防水套管； 2. 材质：钢管； 3. 介质管道规格：DN65； 4. 备注：含预留洞、堵洞； 5. 其他：未尽事宜参见施工图纸及说明、图纸答疑、招标文件及相关规范图集	个	3.00	291.25	873.75	2.00	291.25	582.50	−291.25	

续表

序号	项目编码	项目名称	项目特征描述	计量单位	报审			审定			调整金额（元）	备注
					工程量	综合单价（元）	结算合价（元）	工程量	综合单价（元）	结算合价（元）		
4	031002001001	管道支架	1. 材质：型钢； 2. 管架形式：管道支架； 3. 其他：未尽事宜参见施工图纸及说明、图纸答疑、招标文件及相关规范图集	kg	586.65	23.67	13,886.01	546.65	23.67	12,939.21	−946.80	
5	031201003001	支架刷油	1. 除锈级别：轻锈； 2. 结构类型：一般钢结构； 3. 涂刷遍数、漆膜厚度：红丹二道，灰色调和漆二道； 4. 其他：未尽事宜参见施工图纸及说明、图纸答疑、招标文件及相关规范图集	kg	586.70	2.39	1,402.21	386.70	2.39	924.21	−478.00	
6	031001006001	PVC-U塑料排水管（超高）	1. 安装部位：室内； 2. 介质：污水； 3. 材质、规格：PVC-U 塑料排水管 De50； 4. 连接形式：粘接； 5. 含成品管卡； 6. 备注：因管道避让增加的管道、管件工程量自行考虑； 7. 其他：未尽事宜参见施工图纸及说明、图纸答疑、招标文件及相关规范图集	m	16.72	35.20	588.54	16.72	35.20	588.54	0.00	
7	031001006003	铸铁排水管（超高）	1. 安装部位：室内； 2. 介质：污水； 3. 材质、规格：铸铁、DN50； 4. 连接形式：机制承插式机械法兰接口；	m	47.11	93.07	4,384.53	47.11	93.07	4,384.53	0.00	

续表

序号	项目编码	项目名称	项目特征描述	计量单位	报审			审定			调整金额（元）	备注
					工程量	综合单价（元）	结算合价（元）	工程量	综合单价（元）	结算合价（元）		
7	031001006003	铸铁排水管（超高）	5. 备注：因管道避让增加的管道、管件工程量自行考虑； 6. 其他：未尽事宜参见施工图纸及说明、图纸答疑、招标文件及相关规范图集	m	47.11	93.07	4,384.53	47.11	93.07	4,384.53	0.00	
8	031001006061	HDPE雨水管	1. 安装部位：室内； 2. 介质：雨水； 3. 材质、规格：HDPE、De160； 4. 连接形式：热熔连接； 5. 备注：因管道避让增加的管道、管件工程量自行考虑； 6. 其他：未尽事宜参见施工图纸及说明、图纸答疑、招标文件及相关规范图集	m	43.20	190.48	8,228.74	43.20	190.48	8,228.74	0.00	
9	031001006050	PVC-U塑料排水管	1. 安装部位：室内； 2. 介质：污水； 3. 材质、规格：PVC-U 塑料排水管 De75； 4. 连接形式：粘接； 5. 含成品管卡； 6. 备注：因管道避让增加的管道、管件工程量自行考虑； 7. 其他：未尽事宜参见施工图纸及说明、图纸答疑、招标文件及相关规范图集	m	143.65	48.72	6,998.63	143.65	48.72	6,998.63	0.00	
…												

续表

序号	项目编码	项目名称	项目特征描述	计量单位	报审			审定			调整金额（元）	备注
					工程量	综合单价（元）	结算合价（元）	工程量	综合单价（元）	结算合价（元）		
1	030412005001	单管荧光灯	1. 名称：单管荧光灯； 2. 规格：LED-28W/2800lm^3； 3. 安装形式：距地 3.0m 吊装； 4. 其他：未尽事宜参见施工图纸及说明、图纸答疑、招标文件及相关规范图集	套	507.00	97.51	49,437.57	480.00	97.51	46,804.80	−2,632.77	
2	030404034001	单联单控开关	1. 名称：单联单控开关； 2. 规格：250V，10A； 3. 安装方式：H+1.3m； 4. 其他：未尽事宜参见施工图纸及说明、图纸答疑、招标文件及相关规范图集	个	31.00	16.58	513.98	31.00	16.58	513.98	0.00	
3	030411001001	电气配管 JDG16	1. 材质：套接紧定式镀锌钢导管； 2. 规格：JDG16； 3. 配置形式：砖、混凝土结构暗配，砌体墙内暗敷剔槽、修补费用自行考虑； 4. 其他：未尽事宜参见施工图纸及说明、图纸答疑、招标文件及相关规范图集	m	8.17	8.80	71.90	8.17	8.80	71.90	0.00	
4	030411004009	电气配线 WDZN-BYJ-2.5mm^2	1. 名称：电气配线； 2. 型号：WDZN-BYJ-2.5mm^2； 3. 配线部位：管内穿线； 4. 其他：未尽事宜参见施工图纸及说明、图纸答疑、招标文件及相关规范图集	m	1,044.54	4.02	4,199.05	942.50	4.02	3,788.85	−410.20	

续表

序号	项目编码	项目名称	项目特征描述	计量单位	报审			审定			调整金额（元）	备注
					工程量	综合单价（元）	结算合价（元）	工程量	综合单价（元）	结算合价（元）		
5	030408001012	电力电缆 WDZN-YJY-5×10mm^2	1. 名称：电力电缆； 2. 型号：WDZN-YJY-5×10mm^2； 3. 敷设方式、部位：管道、桥架内敷设； 4. 电压等级(kV)：1kV； 5. 其他：未尽事宜参见施工图纸及说明、图纸答疑、招标文件及相关规范图集	m	75.56	47.60	3,596.66	75.56	47.60	3,596.66	0.00	
7	030411001066	电气配管 PVC40	1. 材质：刚性阻燃管； 2. 规格：PVC40； 3. 配置形式：砖、混凝土结构暗配； 4. 其他：未尽事宜参见施工图纸及说明、图纸答疑、招标文件及相关规范图集	m	32.00	16.94	542.08	32.00	16.94	542.08	0.00	
8	030411004079	电气配线 WDZC-BYJR-50mm^2	1. 名称：电气配线； 2. 型号：WDZC-BYJR-50mm^2； 3. 配线部位：管内穿线； 4. 其他：未尽事宜参见施工图纸及说明、图纸答疑、招标文件及相关规范图集	m	32.00	39.78	1,272.96	32.00	39.78	1,272.96	0.00	
9	030414011001	接地网系统调试	1. 名称：接地网系统调试； 2. 其他：未尽事宜参见施工图纸及说明、图纸答疑、招标文件及相关规范图集	系统	1.00	1,077.31	1,077.31	1.00	1,077.31	1,077.31	0.00	
10	030409008003	局部等电位箱	1. 名称：局部等电位箱； 2. 说明：局部等电位与建筑钢筋连接：40×4 扁钢；局部等电位与设备连接：PC20，BVR-4； 3. 其他：未尽事宜参见施工图纸及说明、图纸答疑、招标文件及相关规范图集	台	90.00	104.46	9,401.40	80.00	104.46	8,356.80	−1,044.60	

续表

序号	项目编码	项目名称	项目特征描述	计量单位	报审			审定			调整金额（元）	备注
					工程量	综合单价（元）	结算合价（元）	工程量	综合单价（元）	结算合价（元）		
11	030409008004	总等电位箱	1. 名称：总等电位箱； 2. 其他：未尽事宜参见施工图纸及说明、图纸答疑、招标文件及相关规范图集	台	1.00	134.26	134.26	1.00	134.26	134.26	0.00	
…												
本页小计							159,704.08			153,900.46	−5,803.62	
合　计							6,796,974.00			6,293,494.44	−503,479.56	

编制人：　　　　审核人：

总价措施项目清单计价审核对比表

表 6-30

工程名称：某新建综合楼工程　　合同号：XJZHL001　　第　页 共　页

序号	项目编码	项目名称	本期申报			本期审定			调整金额（元）
			计算基础	综合费率（%）	金额（元）	计算基础	综合费率（%）	金额（元）	
一		总价措施费			3,134,754.15			2,664,541.02	−470,213.13
1		其他措施费			2,356,598.37			2,003,108.61	−353,489.76
1.1	011704002001	夜间施工增加费			589,149.59			500,777.15	−88,372.44
1.2	011704004001	二次搬运费			1,178,299.18			1,001,554.30	−176,744.88
1.3	011704005001	冬雨期施工增加费			589,149.59			500,777.15	−88,372.44
2		其他（费率类）			778,155.78			661,432.41	−116,723.37
	011704001001	安全文明增加费			778,155.78			661,432.41	−116,723.37
合计					3,134,754.15			2,664,541.02	−470,213.13

编制人：　　　　审核人：

其他项目清单计价审核汇总对比表 表 6-31

工程名称：某新建综合楼工程 合同号：XJZHL001 第 页 共 页

序号	项目名称	计量单位	报审金额(元)	审定金额(元)	调整金额(元)	备注
1	计日工		52,500.00	47,250.00	−5,250.00	
2	总承包服务费		189,800.00	189,800.00	—	
合计			242,300.00	237,050.00	−5,250.00	

编制人： 审核人：

计日工审核对比表 表 6-32

工程名称：某新建综合楼工程 合同号：XJZHL001 第 页 共 页

序号	项目名称	单位	报审			审定			调整金额（元）	备注
			数量	综合单价（元）	结算合价（元）	数量	综合单价（元）	结算合价（元）		
一	劳务(人工)									
1	零星用工	工日	350.00	150.00	52,500.00	315.00	150.00	47,250.00	−5,250.00	
	小计									
二	材料									
1										
	小计									
三	施工机械									
1										
	小计									
本页小计					52,500.00			47,250.00	−5,250.00	
合计					52,500.00			47,250.00	−5,250.00	

编制人： 审核人：

总承包服务费审核对比表 表 6-33

工程名称：某新建综合楼工程 合同号：XJZHL001 第 页 共 页

序号	项目名称	项目价值(元)	服务内容	报审			审定			备注
				计算基础	综合费率（%）	结算金额（元）	计算基础	综合费率（%）	结算金额（元）	
1	消防工程	1,980,000.00	分包配合	1,980,000.00	2.00	39,600.00	1,980,000.00	2.00	39,600.00	
2	空调工程	3,980,000.00	分包配合	3,980,000.00	2.00	79,600.00	3,980,000.00	2.00	79,600.00	

续表

序号	项目名称	项目价值(元)	服务内容	报审			审定			备注
				计算基础	综合费率(%)	结算金额(元)	计算基础	综合费率(%)	结算金额(元)	
3	弱电智能化	780,000.00	分包配合	780,000.00	2.00	15,600.00	780,000.00	2.00	15,600.00	
4	精装工程	2,750,000.00	分包配合	2,750,000.00	2.00	55,000.00	2,750,000.00	2.00	55,000.00	
合计						189,800.00			189,800.00	

编制人：　　　　　　　　　　　　审核人：

思考与练习题

一、单项选择题

1. 下面选项中关于工程结算审核要求的描述中不正确的是（　　）。

A. 工程价款结算审查工程的施工内容按完成阶段分类，其形式包括：竣工结算审查、分阶段结算审查、合同中止结算审查和专业分包结算审查

B. 建设项目是由多个单项工程或单位工程构成的，应按建设项目划分标准的规定分别审查各单项工程或单位工程的竣工结算，将审定的工程结算汇总，编制相应的工程结算审查成果文件

C. 合同中止工程的结算审查，应按发包人和承包人合同中约定的工程量和施工合同的有关规定进行审查。合同中止结算审查方法与竣工结算的审查方法基本相同

D. 专业分包工程的结算审查，应在相应的单位工程或单项工程结算内分别审查各专业分包工程结算，并按分包合同分别编制专业分包工程结算审查成果文件

2. 下面选项中不属于工程结算审核编制阶段应包括的工作内容是（　　）。

A. 审核工程结算手续的完备性，工程结算送审资料的完整性、相关性、有效性，对不符合要求的应予退回，并应对资料的缺陷提出书面意见及要求，限时补正

B. 审核工程结算范围、结算节点与施工合同约定的一致性

C. 审核人工费、材料费、机具台班费价差调整的合约性和合规性

D. 新增工程量清单项目的综合单价中消耗量测算以及组价的合约性、合规性、准确性

3. 下面选项中不属于工程结算审核定稿阶段应包括的工作内容是（　　）。

A. 由工程结算审核部门负责人对工程结算审核的初步成果文件进行检查校对

B. 在竣工结算审核过程中，对竣工结算审核结论有分歧的，应召开由发包人、承包人以及接受发包人委托审核的工程造价咨询企业等相关各方共同参加的会商会议，形成会商纪要，并进行合理调整

C. 编制人、审核人、审定人分别在审核报告上署名，并签章

D. 发包人、承包人以及接受委托的工程造价咨询单位共同签署确认结算审定签署表，在合同约定的期限内，提交正式工程结算审核报告

4. 下面选项中有关工程竣工结算审查时限正确的是（　　）。

A. 单项工程竣工后，承包人应按规定程序向发包人递交竣工结算报告及完整的结算资料，工程竣工结算报告金额500万元以下的工程，发包人应从接到竣工结算报告和完整的竣工结算资料之日起20天内进行核对（审查），并提出审查意见

B. 单项工程竣工后，承包人应按规定程序向发包人递交竣工结算报告及完整的结算资料，工程竣工结算报告金额500万～2000万元的工程，发包人应从接到竣工结算报告和完整的竣工结算资料之日起30天内进行核对（审查），并提出审查意见

C. 单项工程竣工后，承包人应按规定程序向发包人递交竣工结算报告及完整的结算资料，工程竣工结算报告金额2000万～5000万元的工程，发包人应从接到竣工结算报告和完整的竣工结算资料之日起45天内进行核对（审查），并提出审查意见

D. 单项工程竣工后，承包人应按规定程序向发包人递交竣工结算报告及完整的结算资料，工程竣工结算报告金额5000万元上的工程，发包人应从接到竣工结算报告和完整的竣工结算资料之日起60天内进行核对（审查），并提出审查意见

5. 下列关于期中结算审核的描述中，不正确的是（　　）。

A. 发包人应自行或委托工程造价咨询企业对承包人编制期中结算（合同价款支付）申请报告进行审核，并提出审查意见，确定应支付的金额，并应出具相应的期中结算（合同价款支付）审核报告

B. 期中结算审核时，应将承包人的工程变更、现场签证和已得到发包人确认的工程索赔金额及其他相关费用纳入审核范围。当发承包双方对工程变更、现场签证及工程索赔等价款出现争议时，应将无争议部分的价款计入期中结算中

C. 经发承包双方签署认可的期中结算计算成果，应作为竣工结算编制与审核的组成部分，如双方达成一致可再重新对该部分工程内容进行计量计价

D. 当往期已支付合同价款的已完工程中存在缺陷，且不符合施工合同的约定时，缺陷相关工程价款可在当期期中结算中先行扣减

6. 下列选项中，不属于工程量清单单价方式计价的期中结算（合同价款支付）审核报告成果文件应包括的内容的是（　　）。

A. 期中结算（合同价款支付）核准表

B. 预付款支付核准表

C. 进度款支付核准表

D. 总价措施项目清单计价审核对比表

二、简答题

采用工程量清单单价方式计价的竣工结算审核报告应包括的内容有哪些？

教学单元6
参考答案

参考文献

[1] 中华人民共和国住房和城乡建设部. 建设工程施工合同：GF—2017—0201［Z］. 北京：中国建筑工业出版社. 2017.

[2] 中华人民共和国住房和城乡建设部. 建设工程工程量清单计价规范：GB 50500—2013［S］. 北京：中国计划出版社，2013.

[3]《标准文件》编写组. 中华人民共和国标准施工招标文件［M］. 北京：中国计划出版社. 2007.

[4] 中华人民共和国财政部，中华人民共和国住房和城乡建设部. 建设工程价款结算暂行办法［Z］. 2004.

[5] 全国造价工程师职业资格考试培训教材编审委员会. 建设工程计价［M］. 北京：中国计划出版社. 2023.

[6] 胡晓娟. 工程结算［M］. 4版，重庆：重庆大学出版社，2023.

[7] 本书编委会 . 建设工程施工合同（示范文本）GF—2017—0201使用指南（2017年版）［M］. 北京：中国建筑工业出版社，2017.